# 心をもつロボット

## 鋼の思考が鏡の中の自分に気づく！

明治大学 教授
武野純一 著
Takeno Junichi

B&Tブックス
日刊工業新聞社

# はじめに ――ロボットを研究して人を理解する道へ

私はロボットを30年近く開発する研究者です。

いまもロボットを作り続けています。

大学に就職するときにロボットの開発をやろうと決めていました。学生時代に国立の研究機関に手伝いに入っていて、そこにあったロボットを見て強い興味をもったのです。その研究所は当時、赤坂の首相官邸の真下にありました。

私が小学生の頃は、テレビでは**「鉄腕アトム」**そして**「鉄人28号」**などが大人気となっていて、大きくなったら**「お茶の水博士」**のようになって、アトムのようなロボットを作ろうと漠然と思っていたものです。

そのため、中学高校時代には、物理や数学の好きな若者になっていました。物理学は誰にも負けないという気持ちでしたが、その高校ではいつも数名私より上位の友人がその席を譲ってくれませんでした。大学では物理学をやりたかったのですが、戦後ベビーブームで、入学試験ではどこでも数十倍の競争率となっていました。結局私の希望は実現できませんでした。

大学に入って、そこは電気工学の学科でしたが、大学の先生は熱心に授業をしていて、私も比較的勉強していたからでしょうか、いつも上位の成績をキープしていました。

大学時代は、ですから**モータ**（Motor）や**電磁気**（Electromagnetics）というロボットを動かす部分や、**通信装置**（Tele-communication）の勉強をしていたのです。

私は、当時、教職課程を取って数学の教師を目指そうとしており、また両親は「お前がやる気であれば、進学してよい」と言っていましたので、大学院修士、博士と進んで、ついに工学博士となりました。私は、ついに〝お茶の水博士〟の道を歩むことができるようになったのです。

そして、１９８０年の少し前、私は大学の助手として電気・電子工学科でロボットの研究を始めるチャンスをもらったのです。その学科は**電気回路**や**電子回路の設計**（Electronics circuit design）が専門でしたので、回路設計の基礎は習得しました。これはロボットのモータを動かす、腕や足を動かす信号を作ることでした。

皆さんは、コンピュータ（computer）が家に一台はある時代に生まれたと思います。１９７０年、私が学生のころは大学にだってコンピュータが1台あるかどうかという時代です。当時は外国製ならＩＢＭ、国産なら富士通、ほかにもいくつかありましたが、大型のコンピュータが、まさに一つの教室のような広さの部屋に置かれていたのです。もちろんインターネットなどの考えもありませんでした。プログラムもコンサートの入場券のような厚紙でできたカードに穴を開けたり、あるいは紙でできたテープに穴をあけて作りました。

当時のコンピュータの大きさは自動車にだって詰め込むことができないので、家の中で作業するような移動するロボットに積むなどという考えはあり得ませんでした。

しかし、コンピュータの進歩は速く、たちまちのうちに冷蔵庫くらいのミニコンピュータ（Mini-computer）、いわゆる**ミニコン**が出現し、そして１９８０年前後には机の上に置くことができるくらいの大きさとなった**マイコン**（Micro-computer）なるものが現れたのです。コンピュータの小型化には電子回路を小さく積み込む技術、**集積回路技術ＬＳＩ**（Large Scale Integrated circuit）、の発達が重要でした。この技術は日本が得意でした。

すなわち、コンピュータをロボットに積み込むことができるようになったのです。

コンピュータは計算機ですが、考え方によっては**万能の信号作成器**（Universal signal generator）です。いままでモータを動かすために設計していた電気回路は、コンピュータで置き換えられることがすぐにわかりました。プログラムを作ればコンピュータから色々な信号を出してモータを自由に動かすことができるわけです。

すでに、１９６０年前頃からアメリカの大学では**人工知能ＡＩ**（Artificial Intelligence）の研究が始まっていて、そのテーマの８割はロボットに関わる研究でした。その後、人工知能はヒト会話の研究（**言語研究**）や物事の思考による判断の研究（**推論研究**）の分野と、**ロボット**（Robotics）研究の分野に分かれていったのです。

ロボット研究を切り離した人工知能は**LISP**や**Prolog**といった**人工知能言語**を開発し、**エキスパートシステム**（Expert system）と呼ばれる専門的知識を応答するコンピュータシステムが実現されました。また、その時代のロボット研究では、大きな電動車椅子のような装置にミニコンピュータを積み込み、部屋内の障害物を避けながら走行させるという実験が行われています。

私は大学の研究者になったのであれば、まだ他人がやっていないようなロボットを使った研究を目指そうと考えました。

私は、中学高校生のころからヒトの視覚、眼、に興味をもっていました。とくにヒトがものを認識する働きについて知りたいと思っていました。ヒトは眼で自動車を見て、なぜヒトはそれを自動車と判断できるのかという問題です。また、ヒトが見ている世界は立体的な映像です。近くのものは大きく見え、遠くのものは小さく見える。さらに左右の眼に映っている画像の違いが立体的な認識を作っていると予想できました。

そうだ、ロボットの３Ｄ、**立体視覚**（Stereo vision）の研究をやってみようと思いついたのです。認識の問題は、すでに多くの研究者が挑戦していましたので、研究の少ない立体視の研究をまず進めようと考えたのです。

私は電動車椅子に似た走行装置にヒトの眼と同じように左右並行にビデオカメラを設置して、それらから得た左右画像の見え方の異なりを検出・計算して、ロボットから見えている３次元の障害物を認識しようとしたのです。

ロボットに載せているコンピュータは1980年代中ごろのマイコンですので、処理速度はいまのコンピュータに比べてとてつもなく遅いのですが、この際、時間は無視して研究を進めました。

それらの研究は2、3年で成果を得ました。

簡単にいえば、ロボットは目を使って障害物にぶつからないように移動できるようになったのです。すなわち非常にゆっくりではありますが、ロボットはヒトの眼のように二つのカメラから目の前のデータを得て、障害物の3次元情報を検出して、それらの障害物に衝突しないように移動できたのです。5、6mの移動に1時間程度必要でした。

学生とともにいくつかのプログラムの改良をしていたとき、突如として「これはロボットが見ているのか?」という疑問が頭に浮かびました。

確かにロボットはヒトの眼のように二つのカメラから画像情報を受け取って、その情報をヒトの脳に当たるコンピュータで計算し、障害物の位置や大きさを検出し、その結果を利用してロボットの移動計画を作り、それをモータに送り、実際にロボットが動くことができるようになりました。

この計算の流れはヒトの脳で行われている処理とほとんど変わらないと考えられます。すなわち、ヒトの眼から画像情報が脳に移動し、それを使って脳は3次元空間のモデルや障害物のモデルを作成し、その計算結果を利用して移動計画を立てて、行動を実施するのです。もちろんヒトの脳の仕組みはまだほとんどわかっていないのですが、当時は皆そのように考えていたのです。

しかし、これは何か自分の感覚と違うのです。いままでの考えだと、そのロボットはまるっきり情報を受け取ってそれに対して反応をしているだけでした。

ところが、ヒトにはなにか自分の〝内部からいつも働きかけている〟ものがあります。また、歩いていて目の前に突然自転車が現れれば、それに〝気づく〟ことができます。そのとき、普通は〝恐ろしさを感じて〟自分の身体が緊張するのがわかります。ですから、自転車を避けることより一瞬動けなくなるというのがそのときの感覚です。そのとき同時に〝不快の感情が生ずる〟のを感じます。動けるようになるのはその一瞬の後です。

このようなヒトとしての自分の感覚は非常に興味を惹きました。そして、ロボットが「見る」ことができるようになるためには、ロボットのいままでの技術をさらに一層跳躍させる必要を感じたのです。

これが、私を「**ロボットの意識**（Robotic Consciousness）、**心**（Mind）」という研究に進ませたのです。

もうひとつお話したいことがあります。

私は子供たちと**チャップリン**（Charles S. Chaplin, 1889-1977）の映画をよく見ました。

あるとき彼の「**街の灯**（City Lights, 1931）」を見て、とても感動してしまったのです。

盲目の美しい花売り娘が街角でチャップリンと出会います。自動車から降りてきたように思えた彼を裕福な青年と勘違いしたのです。でも実は彼は心の優しい貧しい紳士でした。彼は彼女の気持ちを大切にして懸命に働きながら裕福な紳士を演じ続けます。しかしあるとき、思いがけないことから大金を手に入れます。そしてそれを使って彼女をウイーンの病院で治療することができます。

その後、彼女は治療によって視力が回復し、街の花屋を開業し成功します。そこに貧しい紳士、彼が偶然通りかかります。彼は道路に捨てられていた一つの花に気づき、それを拾います。彼女はその姿を見て微笑みます。なぜならその身なりの貧しい紳士が捨てられていた花を拾って嬉しそうな様子をしていたからです。彼女は店にある小さな花をとり、店を出て彼に近づきます。小さなコインも手にしています。そして、彼女はその花を渡します。それを見た貧しい紳士は驚きと恥じらいとともに彼女の視力が回復していることを心から喜びます。しかし深い悲しみもあります。なぜなら、彼女は彼があの裕福な紳士であるとは気づかないからです。

彼女はコインを渡そうと彼の手をそっと握ります。そのとき**奇跡**（Miracle）が起こります。彼女はその瞬間に気づきます「あなたでしたの！」と。

私はこの「街の灯」という作品によってヒト意識の重要性に気づいたのです。これらのヒト意識への探求が、私を「**ロボットの意識**（Robotic Consciousness）、**心**（Mind）」という研究に導いたのです。

それは１９８９年でした。

時はまさに、ゴルバチョフ（当時、ソビエト連邦共産党書記長）が提唱した**ペレストロイカ**（改革）

と**グラスノチ**（情報公開）が生じさせた、冷戦の象徴である東西を分断する**壁の崩壊**と東ドイツの消滅という世界を驚かせる事件があったそのときでした。

そして、私はその年にドイツに留学し、その激動のヨーロッパを訪れ、東欧の瓦解を近くで見ることになります。留学先にドイツを選んだ理由は、**「意識」**の研究として、**カント**（Immanuel Kant, 1724-1804）を代表するヒトの観念という哲学的洞察にそこで触れることができると考えたからです。

またその時代、日本においては「人間の知能を超える」と提唱された人工知能のための**第5世代コンピュータ**（Fifth generation computer : 1982-1992）の研究プロジェクトが終結を迎え、またアメリカにおいては「**脳の10年**（The Decade of the Brain : 1990-2000）」といわれる「ヒトの脳を理解しよう」とする研究プロジェクトが始まろうとしていたのです。

私はどちらかというと、アメリカと同じような方向に進みたいと感じていました。しかし、私は研究計画を仲間に話すことができませんでした。皆に笑われるかも知れないと思ったのです。実際は私と同じような気持ちのロボット研究者が多数いたと思いますが、皆このテーマを真剣に議論するのは難しいと感じていたと思います。

私は考えを心に秘めて時間を待ちました。

日本ではちょうどその頃一つの自動車会社が突如として「ヒトのように二本足で歩く」ロボットを開発し世界中を驚かせました（１９９６年）。また、日本の家電メーカーが犬をテーマにしたロボットを開発して、一号機は大ヒットとなりました（1999年）。

私は2000年頃から「意識」に関して一つのテーマを決めて研究を進めることにしました。それはロボットに**自己意識**（Self-consciousness）といわれるようなプログラムを実現することです。そしてこれはヒトの「心」を研究する科学的な第一歩となるかもしれないという可能性を感じたのです。

皆さんはここで「ふざけんな！**意識のプログラム**などできるわけないよ」と叫んだかもしれません。そういう方にこそ、ぜひともこの本を読み通していただけたらと思います。


私たちは、2004年の春にその基本部分を作り上げ、一つの重要な実験に成功しました。それは「ロボットによる**鏡像認知**（Mirror image cognition）」でした。

直径10㎝の小さなロボットが鏡の前で動きます。するとロボットは頭の上にある青いランプを点灯させます。このとき、ロボットはある計算によって目の前の他のロボット、鏡の中に写る自己像、が実は自分の写し身であると判断しているのです。

読者の中には、そんなこと簡単なプログラムでできるのではないか？と考える方がいらっしゃると思いますが、ロボット自身が自分の情報をほとんどもっていないという条件の中でその実験を成功させるのはかなりの工夫が必要です。

ヒトは、自分の情報などほとんどもっていないと考えられるのですから。

また、私たちは「ヒト意識」と「話している言語」とは関連が強いという考えから、意識と言語の関連についての研究も進めました。

その研究から、どんな言葉にも感情的に反応するロボットを作りました。

このロボットに「爆弾だ（bomb）」と声をかけると、ロボットは反応し、「危険だ」と言葉を返し、同時に恐怖の表情になります。

それだけではなく、スリルといった、恐怖と喜びが混じったような複雑な顔表情も作ります。

これらのロボットは、いままでのロボットにはない新しい技術の登場と、世界中のマスメディアが報道しました。

**「鏡のロボット」**も**「感情的なロボット」**もアメリカの**ディスカバリー・チャンネル**（Discovery Channel News）の電子版の技術ニュースとして掲載されました。またさらにロイター通信、ＡＰ通信が報道をしたことによって、世界中のＴＶで紹介されました。

海外では、ドイツの科学番組「**プラネトピア**（Planetopia）」で「世界初の意識をもつロボット」として紹介され、国内では「**ワールド・ビジネス・サテライト**（ＷＢＳ）」や「**日立世界ふしぎ発見**」というテレビ番組で「**心をもつロボットの登場**」として紹介されました。

これらの報道は世界中を駆け回りました。一時期はインターネット検索サイトであるグーグル

（Google）の**"Self aware"**（**自覚**の意味）という検索ではじめは数百件から半年後は1億3千万件のヒット数となりました。

これは一種の**情報爆発**であったと思います。結果、多くのブログが私の報道に対して批判や賛同を表明しました。また抗議のメイルが到着するなど、研究者としてはうれしい悲鳴を上げました。

この本では、まず世界一のロボット王国と呼ばれている日本のロボット技術を支えている**メカトロニクス**（Mechatronics）技術の基盤と未来のロボット技術を切り開く**生物型ロボット**（Bio-robotics）の開発を紹介しましょう。そこではロボット発展の歴史、コンピュータの発明と人工知能の発展、知能ロボットの開発、人工知能のデッドロック、人工ニューラルネットの誕生、ポストモダニズムからの反論、脳科学の発達、サイバネティクスと生物型ロボット、進化するロボットとブルックスのアイデア、認知ロボットと人工意識、人工進化と創発、科学の進歩と発展、そして心をもつロボットへの道について述べましょう。

続いて、ロボットの光と影です。鉄腕アトムの活躍、冗談を言うスターウォーズのロボットたち、美しい女性ロボットの誕生、ヒトと機械の戦争、ロボットの愛と死、自我の移動について述べます。それはヒトの光と影です。

そして、現代の脳科学や認知科学の研究成果を通じて「ロボットの心」について考えてみます。そこではヒトとは何か、精神って何だ、脳神経のネットワークがすべてを決めている、精神とはプログラムか、精神が肉体から離れる、精神と肉体とは一体なのか、脳には内部の処理がないのかあるのか、ヒトを理解する道具、情報とは物質か、意識のプログラム、そして脳の神経ネットワークが心のすべてを生み出している、について紹介しましょう。

さらに、言葉に感情的に反応するロボットの開発を紹介することを通じて、感情とロボットの関連性を探ります。そこでは初めに言葉があった、ヒトは感情的でもある、言葉から感情が生まれる、言葉を話す機械、心のプログラムとは、言葉は意味をもっている、インターネットの文章を使え、ロボットの頭部をアルミで作る、それを理解するために作る、肌はポリウレタンだ、そしてロボットに感情がつながった、を述べましょう。

そして鏡の中の自分に気づくロボットの開発を通じて、心や意識をもつロボットとヒトの意識や心について探りましょう。そこではナルシスは自分の姿に惚れた、私とあなた、そして…、ミラーステージ仮説、自分に気づくロボット、ヒト意識のモデルを考える、無限印の二重ニューラルネットワーク、ミラー・ニューロンと似ている、メカトロニクス・モデル、自覚をもつロボット、意識するプログラムを作る、見真似が意識を引き起こす、鏡の中の自己像は身体の一部のように感じる、鏡は古代の超先端マシン、意識と無意識の揺らぎの中で、そして「私、自己、自分について」、について述べましょう。

心をもち、思考するロボットの活躍について考察しましょう。そこでは生物と機械の違い、ヒトの素晴らしさを知る、理性か感情か、情動と感情を作る、幻の痛み、ファンタムペイン、身体の痛み、心の痛み、生まれながらにもつ機能、ヒトは自己意識を獲得する、考えるロボット、意味を理解するロボット、「チャイニーズ・ルーム」問題を解く、未知の世界があることを認識する、止まらない思考、考えがまとまらない、そして認知が不協和の現象、について語ります。

ヒトを理解する道。ここではカタツムリの意識、構造と機能を特定する、それは単なるプログラムだ、ロボットとの戦争が始まる、自分の尻尾に噛みつく蛇、セクシーなロボット、果てしない挑戦、心遣いのできるロボット、脳病治療への鍵、鏡治療と理想の人工義肢、大規模なシステム破壊を自ら防ぐ、未知の世界を学習し尽くすロボット、経験を積みそれを生かすロボット、そしてすべてはヒトの創造力から始まった、について述べます。

それでは読者の皆さん、世界にブレークスルーをもたらすかもしれないロボット技術への冒険の旅にでかけましょう。

2011年9月

武野純一

CONTENTS

C O N T E N T S

ネットワーク／ミラー・ニューロンと似ている／メカトロニクス・モデル／自覚をもつロボット／意識するプログラムを作る／見真似が意識を引き起こす？／鏡の中の自己像は身体の一部のように感じる／鏡は古代の超先端マシン？／意識と無意識の揺らぎの中で／私、自己、自分について



生物と機械の違い／ヒトの素晴らしさを知る／理性か感情か？／情動と感情を作る／幻の痛み、ファンタムペイン／身体の痛み、心の痛み／生まれながらにもつ機能／ヒトは自己意識を獲得する／考えるロボット／意味を理解するロボット／「チャイニーズ・ルーム」問題を解く？／未知の世界があることを認識する／止まらない思考／考えがまとまらない、認知が不協和の現象

CONTENTS

# 第1章

# 現代ロボットの入門
## ―メカトロニクスと生物型ロボット―

CHAPTER 1

ロボットはいつから作られてきたのかという問いには、「ロボットとは何であるのか」という問いにまず答える必要があります。ロボットとはヒトのように「考えることができる機械」というなら、まだ私たちはそれを作ってはいないからです。「考える」ということは何であろうかという問題。この問いに答えることは非常に困難です。なぜなら、ヒトはまだ「考える」ということをはっきりと説明できてはいないからです。

さて、その「考えるロボット」の前に、ロボットとは**自動機械**（Autonomous machine）であるというのであれば、ヒトはこれまで多くのロボットを作ってきたといえます。

## それは古代から始まった

まず指摘すべきは、中国の「**指南車**」です。中国の歴史書の中に「歯車等を使った、いつも同一の方角を指し示す移動装置」があったという記述があります。紀元前2500年くらい前、霧の深い戦場で、兵士たちにいつも同一の方向を指し示したといわれます。これをロボットといえるかについては議論がありますが、一種の自動機械であったのでは、と思われます。

紀元前3世紀、アレキサンドリアの**ヘロン**（Heron Alexandrinus）が作ったといわれる神殿を模した聖水を販売する自動装置は、お金を投入するとその重みで聖水が蛇口から出てくる装置です。いまの自動販売機の元祖ですね。

中世時代にはイスラムの世界で複数の機械式人形が楽器を演奏し、**東ローマ帝国**（ビザンチン帝国）の宮殿では金属でできた小鳥がさえずっていたそうです。

これらはみな自動機械といえるものです。


これに対して、今日でいうロボットの先駆けと考えられるのは、**オートマタ**（Automata）と呼ばれる自動人形として有名です。スイスの時計職人である**ピエール・ジャケ・ドロー**（Pierre Jaquet Droz）は18世紀に羽ペンを使って文字を紙に書くことができるオートマタを作りました。人形の中を見るとおよそ数千の歯車などの部品がぎっしりと詰まっています。動くところを見たことがありますが、ペンをインク壺に差し入れてから文字を書く姿は非常に完成度が高いと感じました。この時代は、機械職人の技術が精巧な時計を作ることに成功するほど高度に洗練化されていて、すでに人間のように動く機械ができていたのです。

日本でも江戸中期・後期にかけて**文楽人形**や**カラクリ人形**などが市民に喜ばれ、日本でも機械技術が発達するとともに精巧な機械式の人形が出現しました。ただ西洋とは100年ほどの技術発展での遅れが生じていました。その時代は**茶運び人形**、**弓曳童子**（**図1-1**）が有名です。弓曳童子は、弓矢を童子が手で一本ずつ取り上げては弓に装填し、その矢を発射して標的に命中させることができました。こ

図1-1　田中久重作の弓曳童子（東芝科学館）

れは日本のオートマタと呼べるものです。西洋はほとんどが金属部品でしたが、日本は木製が主でした。日本は木の硬さや粘り具合などの性質を知り抜いて、それぞれの部品を作っていたという特徴があったのです。

当時、このような精巧な機械を作った時計職人は、自らの高い技術のアピールは当然として、同時にヒトの動きを機械で実現したいという自らの夢を密かに実現しようとしたことも間違いないと思います。

いまでいえば、文楽は**マリオネット**（Mario-nette）、オートマタは自動機械といえます。マリオネットはヒトの細かな操りを受けて動くので、ロボットの言葉でいえば**遠隔操縦**（Tele-operation）ということになります。これに対して、オートマタはスイッチを入れればすべて自動で動くという違いがあります。

マリオネットはそのつくりの精巧さの素晴らしさはもちろんですが、自動機械であるというよりもヒトが操作する人形であると考えた方がよいと思います。マリオネットは当時のオートマタの表現力に比べてはるかに高くヒトの想像力を拡大できる装置だったのです。愛や悲しみを表現し、宙を飛び、ヒトのように舞台を駆け回ることができたのですから。

ロボットは、その発達のなかでこのように、歴史的には二つのタイプ、マリオネットとオートマタに区別できるようです。

これらのタイプをもう少し分析するのであれば、マリオネットは外からの指示を受けて動くのですが、オートマタとはスイッチを投入すればその後は内部から生み出された指示によって動きます。すなわち、マリオネットは外からの、そしてオートマタは内部からの指示で動いているのです。ともに、ヒトの動きを実現することができるけれども、指示している場所が異なるのです。「ここでいう内部と外部には区別があるのか？」という疑問については、ただヒトの身体の内部と外部というように直感的に考えています。しかし今後も検討が必要でしょう。

また、どちらが歴史的に早いのかという疑問に対しては、おそらくマリオネットが先であると考えるのが自然でしょう。なぜなら、新石器時代から土をこねて作ったヒト型人形が発掘されているからです。何のために作られたかはまだわかっていませんが、ヒトが手にしていたことは容易に想像できます。ですから、これは原始的なマリオネットと考えてよいと思います。またマリオネットは見かけを整えることに力が注がれるけれども、オートマタは見かけだけではなくその内部に精巧な歯車を仕掛ける必要があるので、ヒトの文化がある程度高度に発達する必要があるからです。

私見ですが、ロボットと呼ばれることができるのは、マリオネットとオートマタの両方の要素が含まれている必要があると考えます。

すなわち、指示は外部と内部からの両方があって初めてロボットといえると考えます。ですから、私の考えでは、ロボットは外部と内部の刺激によって動いている機械装置となります。

そのように考えると、特殊なカード状の指令書を機械に組み込むとその動きをそのカードごとに変えるオートマタは、ロボットの仲間に入ると思います。例えば、「精神への栄養は?」という質問カードに対し、人形は動きながら、装置の窓から「詩や本」という文字を示して解答ができる機械ならば、すでにその仲間と考えられます。それには、異なるカードを挿入すると異なる音楽を奏でる**自動音楽装置**、あるいはカードを挿入すると異なる模様を編み出す**自動編機**などが挙げられるでしょう。

歴史的に流れを見ると、マリオネット、オートマタ、そしてロボットという流れが見えます。ヒトは

図1-2　ヘロンの蒸気機関のカリカチュア

いつも自動的に動く機械を作りたい気持ちがあるようです。あまり認めたくはないけれども、ヒトはいつも自分を手助けしてくれる機械装置を作りたいようです。ヒトはいつも機械装置にストレスの高い労働を代わってもらいたいという気持ちがあるのでしょう。また、もちろんヒトはどのような原理からできているのだろうかという疑問もあったでしょう。

近代になってスコットランドの**ジェームス・ワット**(James Watt, 1736-1819)が蒸気機関と**ガバナー**(調速器、governor)を用いた自動制御を実用化したことによって、ヒトは強大なエネルギーを自由に利用することができるようになります。実は蒸気機関はギリシア時代から知られている発明で、先ほどのヘロンが金属の球体の中に水を入れ、それを火にかけて蒸気を発生させ、球体のノズルから噴射させました。その球

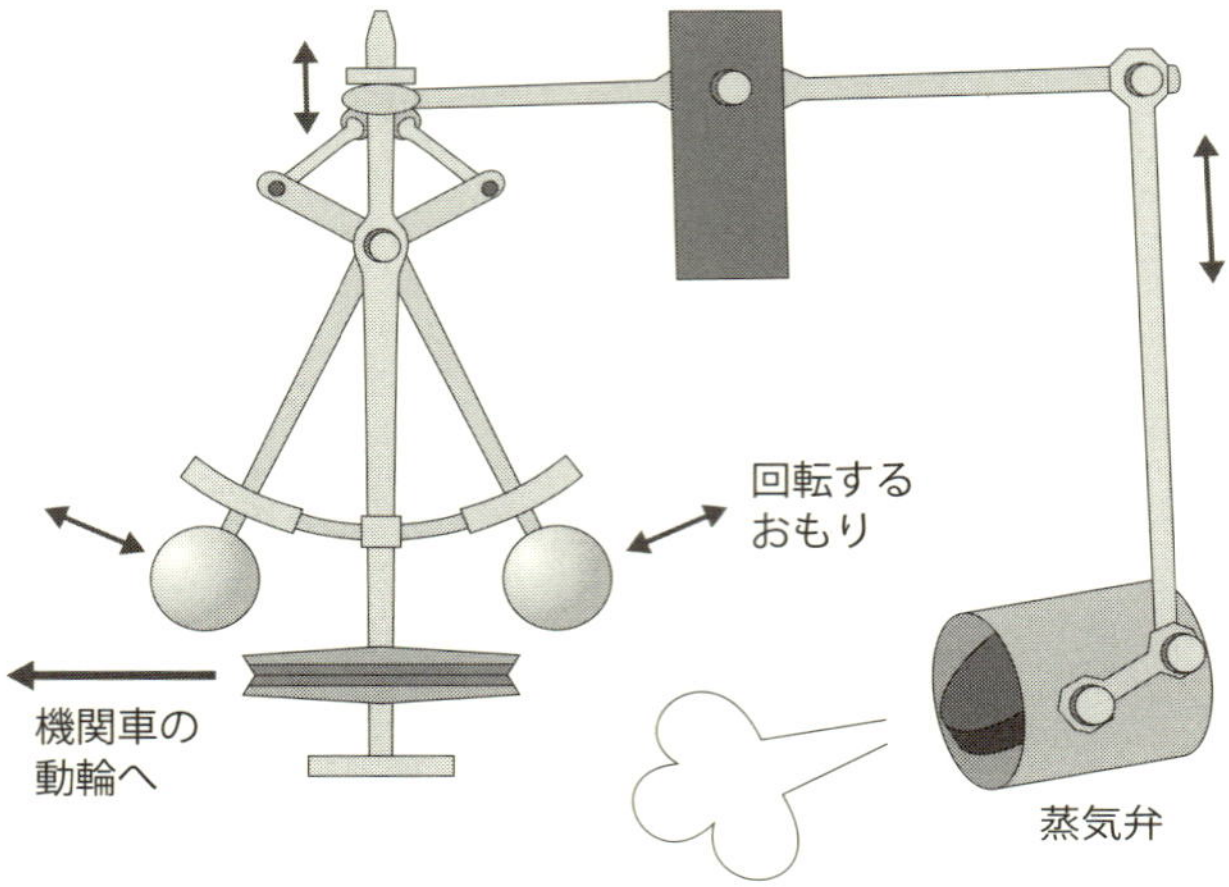


図1-3　ワットの発明したガバナーの説明図

体は蒸気を吹き出しながら恐ろしい速度で回転したのです（**図1-2**）。しかし、その発明はその時代に利用されることはありませんでした。

ワットの**蒸気機関車**は、これも一種のロボットといってもよい条件を整えています。なぜなら、ガバナーを用いた自動制御によって、機関車にかかる負荷の変動、例えば坂にさしかかっても、また運搬する荷物の重さの変動が起きても、機関車は自動的に一定速度を保つことができるからです（**図1-3**）。蒸気機関車は、重さの変動の値が外部から与えられると、内部のガバナーが自動的に蒸気の噴出量を増減させることによって強い力を調節し、その変動に対応し、速度を一定に保つことができたのです。すなわち、ワットの蒸気機関車は、ロボットのように内部と外部からの指示によって動いていると考えられるのです。すなわち、ここでの外部からの指示とは牽引している荷物の重量の変動やヒトからの指示であり、内部からの指示とは速度の変動に対して蒸気の噴出量を調節しようとする指示となります。このとき、ガバナーは外からの指示に対して、機関車本体の状態を一定に保とうとして指示を出し続ける内部の装置と考えられるのです。

このとき注意すべきことは、内部からの指示は外部からの指示によって生じているのだから、全体的に考えて、機関車は外部からの指示だけで動いているのであって、内部からの指示はないと考えてもよいのではないかという問題です。

ワットの蒸気機関は、皆さんご存じのようにイギリスで始まり、世界中のエネルギー拡大を起こし、**ブルジョワジー**（Bourgeoisie）の出現を促しました。それは**産業革命**（the Industrial Revolution）の中核的な技術となったのです。ガバナーに制御された蒸気機関が大量にヒトや荷物を遠い土地へ運び、**タイタニック**（the Titanic）のような巨大な船を動かして大西洋を渡り、工場の工作機械を稼働させて安価で大量な工業製品を生み出したのです。これは、蒸気機関というエネルギーを生み出す装置と、そのエネルギーを制御する技術が結合して人類に大きく貢献した一例であるといえます。

ガバナーは機械システムにおける自動制御の技術ではあるけれども、機械システムが周囲の状況に対して柔軟な対応を示すという点において、ロボット技術の重要な要素ともなっていたのです。

## コンピュータは思考しているか？

現代に入って、コンピュータの出現がロボット研究を一層推し進めました。

現在のコンピュータはアラン・**チューリング**（Alan Mathison Turing）による数学理論である**チューリングマシン**（Turing machine）という考えから生まれました。モークリーとエッカートによる**エニアック**（ENIAC、Electronic Numerical Integrator And Computer, 1946）という電子式コンピュータの開発が有名ですが、実際には**アタナソフとベリーのコンピュータ**（Atanasoff & Berry Computer, 1939）による**ABCコンピュータ**の方が、世界初めての電子式計算機の開発という栄冠を取りました。

コンピュータは万能の計算機といわれます。

開発当初は**人工頭脳**（Artificial brain）といわれ、その能力はヒトの頭脳を数年で追い越してしまう、とまでいわれました。しかし、それは非常に難しいことであるとすぐにわかりました。それについては後ほど述べましょう。

さて、コンピュータの開発と発展がロボット開発の重要な要素となったことは、皆さんお気づきのことと思います。

ワタクシ ハ
ナニ デ
アルノカ？

ここでは、そのことについて、次に述べましょう。

コンピュータの開発に続いて、１９６０年頃からアメリカの**ＭＩＴ**（Massachusetts Institute of Technology）は世界に先駆けて人工知能の研究を始めました。

それは、(1) 推論 (2) プログラミング (3) アーキテクチャ (4) 操作 (5) 視覚感覚 (6) 学習 (7) 言語などであり、そのほとんどがロボットの研究テーマと重なっていました。

これは現代のロボットの研究から始まったことを意味しています。簡単にいえばロボットの研究はコンピュータに目と手足を付けた装置と考えたのでしょう。ＭＩＴの人工知能の研究から始まったロボットとはコンピュータにビデオカメラやモータなどの動く機械装置をつけたものといえるのです。

コンピュータがビデオカメラから画像情報を読み取り、コンピュータ上のプログラムがその画像情報を分析します。そして、コンピュータはモータに情報を送り、それにしたがってコンピュータはモータを動かす。要するにコンピュータ上のプログラムによってロボットが動き回ることができる。となれば、そのプログラムが人工知能であれば、ロボットがヒトのような知的作業をできることになるわけです。

コンピュータに人工知能のプログラムが搭載され、目でまわりを見て、手足を動かす。これが**知能ロボット**（Intelligent robot）の始まりでした。

## 生き物ロボットと働くロボット

しかし、コンピュータが出現する前に、すでに知能ロボットの元祖がありました。

アメリカの脳神経研究者であった**ウオルタ**（William G. Walter, 1910-1977）が作った「**タートル（亀）**」と呼ばれるロボットを紹介しましょう。先に述べたようにこのロボットはデジタルコンピュータが開発される少し前の時代ですから、このロボットを制御していたのは**アナログ回路**でした。動輪２個と方向舵輪１個、合計３輪で動くロボットでした。方向舵輪の軸上に**光学センサ**が設置されていて、光が強くなる方向に方向輪を向けてそちらに移動することができました。光が一定量の強さを超えると動輪が停止し、後退するようになっていました。また、ロボットは身体の周りに接触センサを設置して、そこに何かが触れても停止、方向転回をするようになっていました。ですから、そのカメ（ロボット）は広い床をウロウロとまるで生物のように走り回ることができたのです。

面白いことに、ほぼ同一の形、機能をもつカメが近づくと、お互い引き寄せられます、なぜならカメの背には小さな光源がつけられていたからです。近づきすぎると光量が大きすぎるかあるいは接触センサとかが触れることになり、２台のカメが近づいたり離れたりを繰り返します。これはまるで両者が会話やダンスを楽しんでいるようであると説明されました。

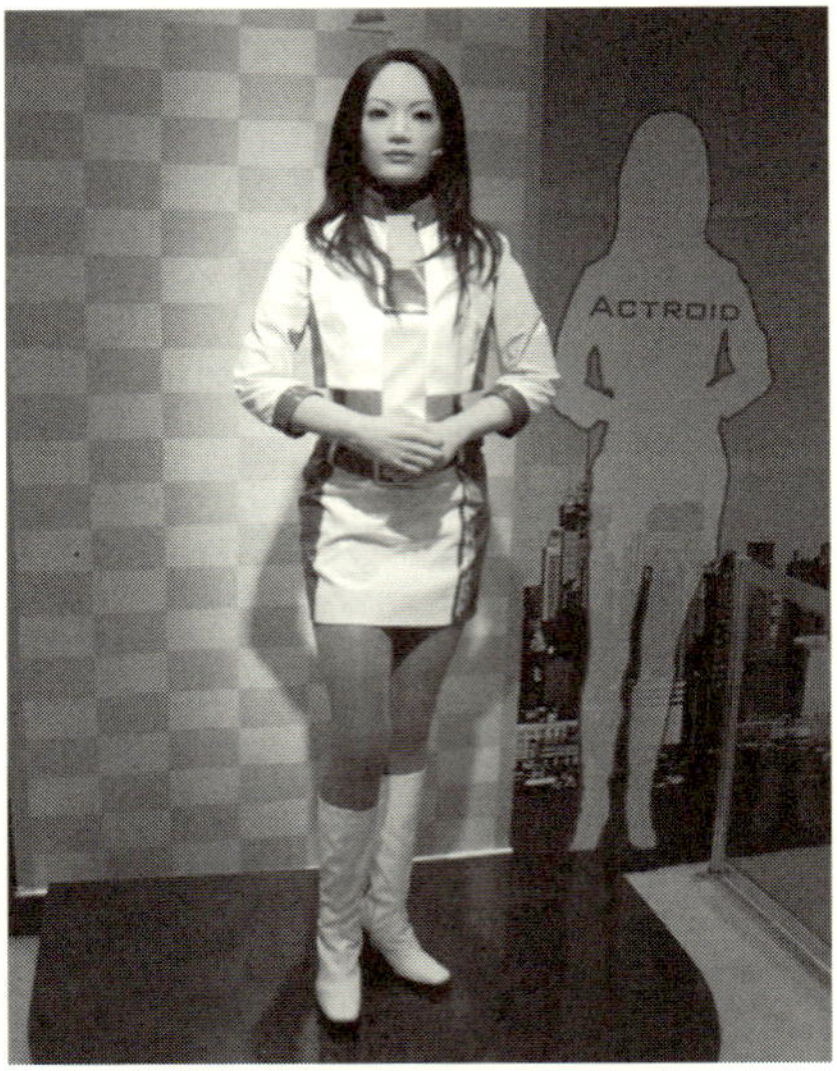
図1-4　ヒトにそっくりなロボット（国際ロボット展にて）

彼はもうひとつ重要な実験をやっています。鏡による**自己認知**（Self recognition）です。先ほどの、2台のロボットの一台を鏡と交換します。すると、先ほどとほぼ同じように鏡に写ったロボットとは前後移動を繰り返しますが、その動きは2台の場合と異なりました。鏡の実験では双方の動きの軌跡が鏡面に対して対称となることから、その実験状態を区別可能とするわけです。これは世界で初めての鏡を用いた自己認識の実験であったと考えられます。鏡を用いた自己認識はヒトのもつ高度な認識機能の実証と考えられています。このお話は後ほどの章で詳しく述べますが、このウオルタによる実験がコンピュータのない時代に行われたことを考えると、すでに素晴らしい研究が行われていたといえます。

彼のロボットは各種の展覧会で紹介され評判が

高まりましたが、彼の事故死とともに忘れられていました。しかし、最近彼の研究を顕彰しようとの動きが進んでいます。

一般にロボットというと、日本の各種工場で活発に働く腕のような形をした組み立てロボットが有名です。ヒトが操るという意味から**マニピュレータ**（manipulator）と呼ばれます。このロボットの元祖は1950年代にアメリカの機械メーカーである、**ユニメーション社**（Unimation）が開発した**ユニメート**（Unimate）が有名です。日本の機械メーカーはスカラー型（SCARA、Selective Compliance Assembly Robot Arm）という機械の組み立てに威力を発揮するロボットを開発しました。このロボットは実用性に優れていたため、日本で大量に生産され、その後日本が**ロボット大国**と呼ばれるようになったのは、皆さんご存じだと思います。いまでは、**アンドロイド**（Android）とよばれるヒトにそっくりなロボットも出現しています（**図1-4**）。

## 人工知能の行き詰まり

さて、知能ロボットですが1960年代になって、**スタンフォード研究所**（Stanford Research Institute）の**シェイキー**（Shakey）や、それに続いた**カーネギーメロン大学**（Carnegie Mellon

University）ロボット研究所の**移動ロボット**（Mobile robot）が研究されました。ミニコンピュータを搭載し、あるいは大型のコンピュータと無線で接続され、限られた環境の中でしたが、ビデオカメラや距離センサ、また立体視によって周囲を観測しながら障害物に衝突しないように移動することができました。

この時代の人工知能は**形式論理学**（Formal logic）に基礎を置いていました。AならばB、BならばC、であればAならばCという**3段論法**（Syllogismos）に基づいていました。この技術はスタンフォード大学で開発され、医学治療への知的分析に利用されたマイシン（MYCIN）が有名ですが、知能ロボットとして利用されたものとしては**自然言語処理**に基づく**SHRDLU**があります。しかし、その後実用化への大きな発展へは進みませんでした。

これを一言で説明することは困難です。現実の環境で動きまわることがロボットにとっては必須の条件ですが、コンピュータの急激な発達があったとしても、その環境と形式論理学の間には非常な大きな溝が横たわっていたということはいえるのではないでしょうか。

これは、最近になって人工知能研究の3大デッドロックと呼ばれる問題の一つ「**記号接地問題**（Symbol grounding problem）」であることがわかりました。他の二つの問題も含めてこれについての詳細は後に述べることにします。

まず、ロボットの研究は動き回れることが最大の特長ですから、周囲の環境を認識する問題をまず進展させる必要がありました。

これらを知能ロボットと呼ぶのは、ビデオカメラなどから視覚の情報をコンピュータが取り込んで、その情報を処理して障害物などの周囲の環境を調べ、そしてその情報に基づいてモータを動かしながら、コンピュータは自らの位置を移動させることができるからです。

生物として、**「見て」「認識して」「行動する」**というプロセスが非常に重要でかつ知的でかつ基本的な機能の一つであると考えたからです。また、ヒトの立体視の機能を複数のビデオカメラを利用して実現しようという研究も知能ロボットの重要なテーマといえます。

１９７０年、１９８０年代はこのプロセスの高度化というテーマを中心に進んだといってもいいすぎではありません。

コンピュータそのものも小型化、高速化及び分散処理化が進み、知能ロボットとはいえ1m進むのに数分かかっていた移動がほぼ実時間となりました。実時間とはヒトが処理の停滞を感じない程度の遅れ時間をいいます。普通、０・３秒以内ですが、０・５秒以内の遅れであれば処理内容によっては許される範囲といわれます。また、レーザを用いた距離測定器の開発などがあり、一層正確に周囲の環境を認識できるようになりました。

またこの間に、理論上の進歩もありました。**ファジー理論**（Fuzzy theory）や**ニューロ理論**（Neural network theory）です。これらの理論は、先ほどの**環境認識**と形式論理学とのギャップを埋める可能性を秘めていました。

まず初めにファジー理論を説明します。これは**曖昧理論**とも呼ばれ、いままで形式論理学で採用されていた「真」／「偽」という二値に基づく計算を、「真」と「偽」の中間にある値も評価として取り入れ、多値に基づく計算に拡張した理論です。要するに「真」と「偽」の中間の曖昧な値も形式論理に取り入れたことになります。わかりにくいかもしれませんが、例えば「真」を数値で1と表現し、「偽」は数値の0で表現したとすれば、その中間の値は0・235などとなります。

これらの手法を使うと、例えば「彼女は若い」といった文章の真偽を曖昧に表現することができます。「若い」という言葉は主観的な評価となりますので、いままでの形式論理ではその真偽が答えられませんでしたが、この理論に従えば、例えば、0・83というような評価が可能となるので、この値は1に近いですから、「彼女は若い」という文章を「ほぼ正しい」と判断できるようになるのです。

この理論によって環境認識と形式論理学の間の非常な大きな溝を埋めることになることは、理解できると思います。すなわち、形式論理学によって曖昧な評価を取り扱えるようになったことによって、環境の認識が柔軟にできるようになったのです。

ニューロ理論は、ヒトの脳にある脳細胞の処理を模擬することができる数学理論です。その機能はプログラムとしてコンピュータ上で動かすことができます。簡単にいえば、脳細胞は構造的に複数の入力と1端子の出力をもつ素子です。機能的には、複数の入力から得たエネルギーが蓄積し一定の量を超えると、スパイクと呼ばれるエネルギーを出力端子から放出します。一つの出力端子はその後分岐して他の多数の脳細胞にスパイクを送っています。

要するに、ニューロ理論はヒトの**脳の構造**と機能をコンピュータ上にプログラムとして実現できると考えられているのです。ですから、ニューロ理論を使えばヒトの脳の機能、例えば**意識**（Consciousness）や**心**、をコンピュータで実現できる可能性があることになり、もちろんそれは環境認識と形式論理学の間の非常な大きな溝を埋めることになるのです。

ファジー理論やニューロ理論はロボットの技術に利用されました。それによってロボットが柔軟に動くことができて、かつ脳細胞の機能を利用することができるようになりました。

ここまでで、環境の認識と形式論理学の間の溝を埋めようとする研究が進んでいることは理解できたと思います。そこで、いま一度ロボットとは何か、何が必要とされているのかを、もっと考察したいと思います。

ここで先の蒸気機関に話を戻しますが、蒸気機関車の自動制御の次のステップは、ヒトが決めて機関車に与えている速度をガバナー自体が決めることとなります。これが内部からの指示という内容の本当の姿です。

内部からの指示とは、ヒトでいえば**経験**、**動機**、**意思**、**精神**あるいは心からの指示となるでしょう。

すなわち、ガバナー以降は内部からの指示とは何かという観点に考察が絞られることになるのです。

## 自分も他も何もない?

現在、「ここでいう内部と外部には区別があるのか?」という点に疑問が投げかけられています。これはかつて、**ポストモダニズム**(Postmodernism)という考え方に発していて、その考えに基づき**ギブソン**(James Jerome Gibson, 1904-1979)の**アフォーダンス理論**(affordance)が脚光を浴びました。

ポストモダニズムとは「身体の消滅とそれによる完全な自由の獲得」といわれます。私たちヒトの各個体には身体という物理的な肉体が存在し、そのために精神は肉体との関連性をいつも注意している必要があることになります。しかし、ヒトが受けている刺激のすべてが脳の内部で起きている現象であるのならば、身体が存在しようとなかろうと重要なことではないとの考えも生まれてきます。そうであるなら、身体である肉体の存在を否定してしまうことによって、身体から受ける束縛を離れ、精神は自由を獲得できるという理論が生まれます。これが絶対的な**自由の獲得**としてのポストモダニズムの考え方です。

この考えによって、ヒトは脳に与えられた刺激によってのみ現象が生まれていることになります。また脳から出される刺激によって手足が動き、それによって生み出される環境の変化は脳自身の現象として解釈できることになり、そこには脳に対して外部環境という対の関係のみが重要なテーマとなるのです。

そして、さらにその考えを徹底させると、脳の内部のみがさまざまな現象を生み出しているのなら、外部環境の存在をその脳が知る手だてがないと考えられることになります。すなわち、外部環境の存在を否定する考え方も可能となります。ここでは、内部と外部という2対の関係は崩壊してしまうのです。この考え方は**唯我論**（Solipsism）と呼ばれます。

この考えに従うと、内部も外部もあり得ないことになります。

しかし、現代では**医学**（Medical science）・**脳科学**（Brain science）の研究が発達し、自分以外のヒトの脳を観察することによっていくつかの事実がわかります。例えば、脳は身体からの情報が流れ込み、また逆に脳から身体へ情報が流れている。あるいは、目の**網膜**に投影された外部の世界は**視神経**を通じて脳内に流れ込んでいる。とするならば、脳へ外部から情報が流れ込み、また脳から外部に情報が流れている。すなわち、脳と外部との関係は存在するという結果になります。普通はここで議論が止まります。

ただ、さらに突っ込んだ考え方をすることも可能です。

その他者の観測結果も脳自身が生み出した現象にすぎないという考えです。

これは、**自己**と**他者**の存在がいかに確認できるのかという問題となりますが、これについては本書の重要な部分ですので、詳細は後に述べることにします。これは結果的に普通の議論に帰着しますが、ここで留めておきましょう。

さて、ロボットは先ほど述べたように、工場で働くマニピュレータ型が工場で大活躍するようになってきました。しかし、人工知能の研究と結びついた知能ロボットは、ファジーやニューロの理論の発達にも拘らず、周囲の環境認識とそれに基づく行動という問題に有効な解決を見いだせない状況が続きました。それは１９６０年代から１９９０年代にかけての状況でした。

その状況の中で、いくつかの重要なロボット研究について説明しておきたいと思います。ここからが現代のロボットといえます。

## サイバネティクスのロボット

まず紹介するのがドイツ・**マックスプランク研究所**の**ブライテンベルグ**（Valentino von Breitenberg, 1926-2011）の研究です。彼はいままでの人工知能研究の成果に固執せず、自らの考えを**ノーバート・ウィーナー**（Norbert Wiener, 1894-1964）が始めた**サイバネティクス**（Cybernetics）にロボット研究の基盤を定めました。サイバネティクスとは生物と情報の両方に関わる研究とされ、生物の行動制御を情報学的に検討しようと試みた学問です。サイバネティクスという言葉は、ギリシア語の**キベルネティクス**（Κυβερνητης）という言葉が語源であり、「**船の舵**を取るもの」を意味します。すなわち、これは生物の**生命現象**を含めた様々な生物行動を、「航海する船そしてその舵手」と例え、情報と自動制御というキーワードとしてそれを読み解くための学問と位置づけられます。

ブライテンベルグは、サイバネティクスの考えに基づき、生物が入力刺激によって行動を起こしていると考えたのです。すなわち、生物は絶えず外の環境の刺激を取り入れ、内部の神経回路につなぎ、そして神経回路から出てくる刺激によって、外の環境に行動を起こすというように考えたのです。この考え方は後になって**センサリーモータ協調**（Sensory-motor coordination）と呼ばれます。そして、内部の神経回路の複雑さが増せば増すほどその生物は高度で複雑な行動を実施できるようになるという**系統発生学**（Phylogeny）の考えを取り入れました。

例えば、一番簡単な生物とは、外からの刺激を1本の神経線維に接続し、その終端に自らもつモータをつなげます。神経回路は神経線維1本ですから、外の刺激の強さが、そのままモータの回転力に比例するのです。生物の系統発生学からいえば、**アメーバ**（Amoeba）のもっとも単純なものに対応するでしょう。

それは彼が1号機と呼んでいるロボットです。

そのロボットには温度を計測する装置があり、その値を一つの神経線維でモータに伝えます。モータはその値の大きさにしたがって回転速度を変化させます。例えば、そのロボットが太陽にセンサを向けていれば、太陽に近づけば近づくほどロボットはスピードを増し、最後は太陽光の高温に溶かされてしまうでしょう。このロボットが熱を好むように見えたとはいえ、自らが消滅してしまうようではあまり知的とはいえません。逆に、ロボットが自らの生存を長らえることに成功すれば、このロボットは知的と考えられるでしょう。

それではロボットがどのようになればよいのでしょうか。

まずいえることは、センサを増やし、より多くの環境状態を認識できるほうがよい。例えば、明度の計測ができれば、暗闇が発見できるでしょう。モータなどの出力機器の個数を増やすことも考えられます。これも、暗ければ自ら明りを点灯すればよいでしょう。最後に、**神経繊維**です。一本ではなく複数のネットワークにしてもよい。

彼は、複数の入力センサと複数の出力機器を決め、それらを接続するコンピュータを設置したのです。そして、ついに概念を学習するとか、**予期**（Expectation）をすることが可能であるロボットを開発するに至りました。

彼は「**現代ロボットの創始者**」といってもいいすぎではないでしょう。

コンピュータは**万能の信号生成器**（Universal signal generator）ですから、この時代にそれを入力器と出力器をつなぐ装置として考えたのは、彼の素晴らしいアイデアであったと思います。しかし、彼はロボットの心については、ヒトが見てその心を感ずればよいとの立場を崩したことはありませんでした。例えば、光に加速しながら衝突する動きは「怒り」と、また光に近づきながらゆっくり停止する動きはロボットに「愛情」があると判断するという考えです。

これは、**行動主義**（Behavirism）の考えですが、これについては後に述べます。

## 進化を始めたロボット

彼の考案したロボットの中で私がさらに注目したいのは、**ダーウィン型**（Darwin type）と呼ばれるものです。移動できる複数台のロボットを机の上に置き、机の上にはそのロボットの部品が乱雑に置かれています。机の上のロボットは部品に衝突しながら移動し、最後には机から転落することになります。転落したロボットは床の上で崩壊しバラバラになります。ヒトはそのロボットを拾い、床と机の上にある部品を利用して修理して、また机に戻します。そのロボットはまた机の上を動き回ることになります。

彼はいいます、この作業を続けていくと、ついには机から落ちることのないロボットができるだろうと。実際にこの作業を多くの時間を使って実施するのは困難であるけれども、彼の頭の中には**ダーウィ**

**ンの進化論**（Darwinism）があったのだろうと推測できます。すなわち**ロボットの進化**（Evolution）です。ロボットの進化について誰が初めて言及したかについては、まだ確証が掴めてはいませんが、彼のダーウィン型はロボットと進化についての明確な言及と考えられます。

ロボットの進化についてはまた後ほど言及しますが、次はロボット研究に革命的アイデアを提案したＭＩＴの**ブルックス**（Rodney Brooks）のロボットを紹介したいと思います。

そのアイデアはロボットの設計法にありました。**包摂アーキテクチャ**（Subsumption architecture）と呼ばれます。**包摂**という言葉は、一方を包み込むという意味です。基本的には、先ほどの外部刺激と外部への行動をどのように設計するのかという問題に答えようとした一つの解答でした。彼の設計ではロボットは行動プログラムの集合体で構成されているとしました。ロボットにはいくつかの基本的行動を準備しておき、ある状況のときに、ある基本行動を起動させるようにしたのです。例えば、ロボットが障害物によって移動が邪魔されれば、ロボットは障害物を避ける行動を起動させることです。このときのロボットは障害物を避ける行動よりも本来はより高度な行動、ここでは例えば目的地へ移動する行動、を行っていたはずです。これは目的地へ移動する行動が実施できなくなったために、より低次の行動を実施したともいえます。このメカニズムは低次の行動が高次の行動に含まれているという意味で包摂と呼んだのです。ブルックスが提唱した行動の集合体は、低次の行動である「**回避**」に始まって「**逍**

**遥**」、「**探索**」というように基本行動を階層的により高次に積み上げるように設計されるのです。このとき、どの行動を実施するかは、環境認識という高度な仕組みを使うのではなく、むしろ実施できる行動を行い、それが実施できないのならば、より低次の行動にスイッチを切り替えるようにしていました。これは１９８０年代の半ば頃のことでした。

彼の設計法はロボットが停止せずに動き続ける、また目的を達成するように動き続けるという点で、いままでのロボットでは実現できない画期的な設計法でした。そのため多くのロボット研究者がその設計法を試してみました。著者もその一人です。

彼は、その後このアイデアをより高度に発展させてヒトの高度な行動、意識や心を実現しようとして、**タフツ大学**（Tufts University）の哲学者**デネット**（Daniel Clement Dennett）との共同研究を始め、ヒト型の知能ロボットである**コグ**（ＣＯＧ）の研究を始めました。デネットは「**解明される意識**」という著作で、**人工意識**（Artificial consciousness）は作ることができると主張しました。しかし最近、コグはヒトの高度な行動を包摂アーキテクチャのみで作り上げることが困難であるといわれ始めました。

次に紹介したいのが、１９９０年代に提案された**認知ロボット工学**（Cognitive science robotics）です。**スイス連邦工科大学**の研究グループです。このロボットは、ブライテンベルグやブルックスの研究に大きな影響を受けています。このロボットは先に述べた人工知能の３大デッドロックの一つ「**フレーム問題**（Frame problem）」に関わりがあります。人工知能システムはある検索プログラムが**知識データベース**（Knowledge database）の情報に基づき、与えられた質問に対して判断を計算し、回答を表示します。このとき、知識データベースはそのプログラムが取り扱う世界の情報のすべての情報をもっている必要があります。もしその情報が欠けていれば、計算が停止してしまうことになります。ファジー理論も形式論理学に基づいているため、この問題には回答が困難です。例えば、ロボットがあるビルディング内で作業するという場合は、ロボットの知識データベースにはそのビルディングの情報のすべてが知識データベースとして必要です。それは階段の位置、エレベータの位置、２０３号室のドアはどこにあるか、３３５室には何があるのかなどです。完全な知識データベースを作ることは大変困難、いやまったく不可能であることはすぐに理解できるでしょう。この問題だけでも大変なのに、さらに問題が発生します。それは作った知識データベースのメンテナンスに関わることです。例えば、ビルディング内で作業するロボットはそこで備品を移動したり、ある部分を加工したりします。そのとき、知識データベースの更新が必要になります。ビルディング内の環境を変更したわけですから、データベースの更新をする必要があります。そうでなければ、データベースはすでに完全性を失っていますので、ロボットはその場所で停止してしまいます。そこで、データベースの更新が必要となりますが、それも大きな問題を引き起こします。そのプロセスはデータベースの古いデータを捨て、新しいデータを加えることです。しかし、この作業は非常に困難、いやまったく不可能なのです。それは、ロボットが与えた環境の変化が知識データベースのいかなる部分まで影響を与えるのかがまったく不明となるからです。本当なのかと思われるでしょうけれども、一例を示します。私の目の前にはコンピュータのマウスがあります。私はこれを絶えず動かしてコンピュータを操作しています。しかし、机の上には時計、ハサミ、エアコンの操作卓などが置かれています。もしいまのマウスの位置を右に移動させると、その操作卓が机から落下します。もちろん私はそれをできますが、落下した操作卓はどこへ行ったのでしょうか？知識データベースにおける操作卓の位置の変更は可能でしょうか？この一例は些細な問題ですが、それすらロボットにとっては、今後停止せざるを得ない状況に追い込まれるのは間違いありません。

これがフレーム問題と呼ばれるもっとも大事な部分です。もちろん、更新が必要のない問題であれば知識データベースが活躍できることをここでいっておきます。

フレーム問題の説明が長くなりましたが、認知ロボット工学が目指している方向を示すには、これが必要なのです。

彼らは、フレーム問題を避けるためにできるだけ知識データベースを利用しない設計法を推薦しています。すなわちロボットが、もっている知識データベースから情報を得るよりも、移動しながら即時に環境の変化と対応しながら目的を達成するように行動を実施する方法です。その方法とは、ロボットに基本の行動プログラムの集合を与え、環境に対応する行動をその都度選択して行動を実施することになります。これは基本的にブルックスのアイデアと似ていますが、他の設計法も可能と考えられます。

ここで読者の皆さんは疑問をもつかもしれません。それは、このような基本的行動の繰り返しの実施によって、ヒトのような高度で複雑な行動ができるのかと。それに対し彼らは「**創発**（Emergent）」という言葉で答えます。

創発とは、簡単にいえば「目新しいことが起きる」ことです。いい方を変えれば、ヒトにとって新しいことが起きたと感じれば、それは「創発」したというのです。基本的な行動の組み合わせによって「新しい行動が創発する」というのです。

例えば、秋になると野鳥のガン等が川の流れの上方を「への字」型に隊列を組んで飛行するのを見かけます。それは、ガン一匹一匹が空気抵抗をできるだけ受けずに、すなわちエネルギーをできるだけ消耗しないように飛行しているといいます。その結果、驚くべき「への字」編隊ともいえる「目新しいこと」が起きるのです。これを創発したというのです。

創発は本来**創造**（Creation）という言葉の意味ではありませんが、実は彼らは創造の本質を暗示しようとしているのかもしれません。

１９００年の同じ頃、**人工進化**（Artificial evolution）・あるいは**遺伝子アルゴリズム**（Genetic algorithm）という研究が盛んに行われ、これもスイス工科大学の研究者たちが中心となってそのアイデアをロボットに利用する研究が発達しました。その基本的アイデアは、サイバネティクスというところでも説明しましたが、複数の入力センサと複数の出力機器の間のコンピュータにどのようなプログラムを構成するのかという問題に生物進化のプロセスを使うことにありました。ここで、プログラムは**ニューラルネットワーク**による**人工神経回路網**とします。脳細胞を使う必要はありません。要するに、入力データをその人工神経回路に通じ、その出力でモータを駆動させるのです。ヒトに例えるならば目・脳・手足の部分ですね。さて、ヒトとは単純に考えてみると目から入力された情報を脳が何か計算し、その結果手足を動かしているのでしょう。そうであれば、脳の部分の神経回路を様々に変化させれば手足の動かし方が異なることになるわけですね。そこに脳の進化による発達というプロセスを組み込めば生物が環境に適応しながら発達できることになります。どのようにすればよいのかというと、その生物にとってよりよい反応を示すような神経回路網を発達させればよいのです。例えばより速く「走る」ことができるように発達させるというように。基本的な手法は、遺伝子アルゴリズムが有名です。初めは何種類かの神経回路の候補を準備し、それらの回路の性能を調べ、その中でよい性能を示すものを残し、他の回路は廃棄する。また残された回路を僅かに改変すると同時に新たな回路を加えて、それらの性能を調べてよい能力の回路を残す。これらをコンピュータで繰り返し計算することによって、その生物にとってより適応性の高い神経回路を見つけていくことができます。この手法を一般的に人工進化と呼びます。

読者の皆さんは、すぐに気づいたと思いますが、実は脳の部分の進化だけではなく、目や手足の部分の進化も可能です。例えば、海の中を快適に泳ぐことに適応性の高い生物を進化させる研究が有名です。

## ロボットが心をもつって？

この章では、ロボットの歴史をおおよそ概観して現代のロボットについて紹介しました。ヒトは道具を作るサルであると位置づけた**人類学者**（Anthropologist）がいましたが、ヒトはさらに機械という高度な道具を作り、労働を機械に置き換えてきました。例えば、クレーンを始め各種の建設機械がありま す。これは古代のマニピュレータであって、当時の科学の総結集ともいえるものです。これによって、多くの都市、城、防壁、ダム、橋が作られました。これらすべてはヒトが操ります。

中世では、外洋に乗り出す**帆船**があります。これも力学の集大成といえます。多くの乗員によって操縦されました。

この時代に特筆すべき機械として「時計」の発明があります。もともとは**ガリレオ**（Galileo Galilei,

j1564-g1642）が振り子の等時性を発見したことから始まり、また**ホイヘンス**（Christiaan Huygens, 1629-1695）が**振り子**を誤差なく働かせるための工夫をすることによって「**振り子時計**」を完成させました。一度ねじを巻いて**ゼンマイ**にエネルギーを溜めれば、一定の時を刻みながら動き続けたのです。時計は画期的な発明でヒトが操るのではなく、時計の中の機械的仕組みが文字盤の針を動かしているのです。いわば世界で初めての自動機械と呼んでよいでしょう。いまの**クオーツ時計**（Quartz）は、機械的な仕組みがコンピュータのプログラムにとって代わりましたが、自動機械であることに間違いはないでしょう。そして、**時計職人**はオートマタを作ったのです。

さらに、近代になって蒸気機関車の発明に至ります。先に述べたように、蒸気のエネルギーがガバナーという自動制御装置によってヒトが利用しやすい仕組みになったことが、産業革命を引き起こした重要な**ブレイクスルー**となったのです。

ヒトはこのように、ヒトの労働を軽減化したい、労働を機械で置き換えたい気持ちが絶えずあって、それが結果的にその機械の高度機能化を目指すことになったのです。

## 現代のロボットを支える技術

「形式論理学や人工ニューラルネットワークに基づく人工知能」

「生物の情報科学的な考察であるサイバネティクス」

「生物の進化を模擬した人工進化」

これらは次のブレイクスルーの基盤となると考えています。

そしてそれは**心をもつロボット**、あるいは意識をもつロボットを生み出すかもしれません。

# 第2章

# ロボットの光と影

## ―それはヒトの光と影でもある―

CHAPTER 2

私は**アトム世代**といわれています。アトムは**手塚治虫**の子供向け漫画作品「鉄腕アトム」の主人公です。私が中学生の頃、テレビ番組として大好評となったのでした。その頃のテレビは白黒の映像で、一般の家庭ではテレビをもっていないことがまだ多かった時代です。私はアトムの放送を毎日毎日大変楽しみにしていたことを覚えています。そのころのアトムはいまの若い方にはあまりなじみがないかもしれませんね。でも、最近アメリカの映画会社がこの漫画をリメイクしましたので、新しいアトムは知っているかも知れません。アトムは柔らかい金属製の身体に生命の核のようなものを注入されて生命を獲得したとされています。彼は正義の味方であって「弱きを助け、悪しきをくじく」という設定になっています。アトムの能力はすばらしく、100万馬力の力で機関車も投げ飛ばすことができます。眼はサーチライトで夜間遠くを見通すことができます。聴力は1000倍。電子頭脳をもち善悪を判断し、どんな計算も短時間でできる。足はジェットエンジンとなり空を飛べる。60カ国語を話せる人工声帯がある。アトムの性能については諸説あるけれども、大まかにはこのようだったと思います。

## アトムが大活躍した

先日、あるテレビ局が私の研究室を訪ねてきて「アトムの心を研究している教授」としてテレビ番組で紹介してくれました。そのとき、「先生はアトムを見ていましたか?」とレポーターに聴かれました。

「はい、私はアトムを見ていました。私の研究に大きな影響を与えていると思います」と答えました。私と同世代のロボット研究者は間違いなくアトムに大きな影響を受けていると、いろんな場所で聞きました。そこで、テレビへの出演の前に、もう一度アトムのアニメーションを見ておこうと思い、早速、DVDを購入しました。

私は、それを見たときに非常に驚きました。なぜなら、どれを見ても、その映像はかつて見たことがあると気づいたからです。アトムの声やその動きなどがその瞬間に私の頭に蘇ったのでした。これほどまでに、私はアトムに心惹かれて、夢中になっていたのかと、およそ50年ぶりに感じました。

そうです、アトムは心をもつロボットでした。漫画の中でアトムは「自分はロボットなので心がないんだ」と悩む場面がありますが、悩むことこそアトムに心があることを示しているのです。

私はテレビの中のアトムが悪い人間や悪いロボットをやっつける姿に憧れをもって見ていたことを思い出します。アトムは人間にとって理想的なロボットとして描かれていました。

この時代に、鉄人28号というロボットもテレビに登場していましたが、巨大な鉄でできたロボットであったため、私にはあまり印象がありませんでした。

高校生になると**宇宙家族ロビンソン**（Lost in Space）が始まりました。そこにもロボットが登場します。このロボットは人型に近い形をしていました。頭部、ボディ、手足です。ただ2足で歩くわけではなく、足の下につけられた車輪によって宇宙船の中を動き回ります。このロボットはその時代のイメージを示していて、映像としてリアル感がありました。金属でできていて、非常にロボットらしい姿が印象的でした。腕の高電圧を利用してヒトに対抗できるようになっています。基本的に命令に従いますが、どうやら素朴な心のようなものも備えていて、ヒトを笑わせます。当時の子供たちを大変興奮させたのです。その影響かこのロボットによく似たブリキ製のオモチャが各種発売されていました。

## 冗談をいうロボットたち

私は大学院の学生だった頃、学習塾のアルバイトをしていました。担当していた10人近い小学生と日比谷の映画館に出かけました。小学生の一人が「先生いま面白い映画をやっているみたいです」というので皆で出かけたのです。「**スターウォーズ**（Star Wars）」でした。ジョン・ウイリアムスの音楽が突然始まり、漆黒の画面に金色に輝く**STAR WARS**というロゴが一面に写され、「遥か昔、銀河系宇宙の……」というイントロが進み、暗転の後に画面上方から巨大な帝国戦艦が青白く光るロケットの噴射と轟音を轟かせながら、小さな共和国輸送船に襲いかかる。スペースオペラと後にいわれるまったく新しい映画の幕開けでした。

SF映画ではあるけれども**リアリティ**（Reality）を追求している映像、クラシックオペラのような重厚な映画音楽に、私も生徒たちも画面に釘づけであったことを覚えています。

ともかく、その映画は機械仕掛けのロボット、**クローン**（Cloning）人間、ヒトが入り乱れて大活躍をします。とくに2台のロボット**C-3PO**と**R2-D2**が楽しいのです。C-3POは金色をした人型のロボットで**式典用・翻訳ロボット**という機能をもっています。R2-D2は戦闘機に搭乗してナビゲーションを支援する機能があります。

とにかく楽しい映画で、ロボットと人間が冗談や洒落を交えて、感情をもっているかのように受け答えをしています。もちろん映画ですから、ロボットの中には人が入っていて、その動きはふと人を思わせるところがあります。

この映画のロボットはヒトに対して知的なサポートをしています。問題を解決する手段を提案したり、人と一緒に闘ったりします。一言でいえばこれらのロボットは驚いたり、恐れたりする、感情的なヒューマニティを感じます。その半面、敵対している側のロボットは感情の機能がないように描かれています。動きも俊敏性がなく、遠くからの命令によって動いているように見えます。すなわち、自分をもっていないで、無感動な機械的な動きを繰り返します。

この映画で描かれているロボットはすなわち「心をもつロボット」と「心をもたないロボット」の対比が暗喩的に重要な要素となっています。そして、どちらのロボットが人間にとって有用なのかというます。

問題を暗示しています。そこでは「心をもつロボットがヒトのために有用だと主張しているように見えます。

その理由は、人間との**コミュニケーション**を通じてそのときそのときの柔軟で知的な対応ができるロボットが人間にとって有用であると考えているからのように思えます。命令通りに動くロボットは、いわば命令という**トップダウン**の指令に気を取られているために、柔軟で知的な対応が取りにくい点があるからだと想像できます。いわゆるトップダウンの指令が、現在の状況とかけ離れていることが多いのです。

トップダウンの指令が自己の内部によって出されている場合と、自己の外部から出されていることとの違いがあるのでしょう。自己の内部からであれば、指令は自己の内部で完結しているので、自己行動との整合性が保たれている。しかし、自己への外部からの指令は、自己の現在の状況を正しく理解できている可能性が低いため、それを自己の内部で整合性を保とうとするメカニズムが機能し、これは悩んでいるとも解釈できますが、現状への対応が遅れてしまうことが推定できます。

スターウォーズのC-3POやR2-D2というロボットは子供たちに多くの夢を与えたのです。

## 美しい女性ロボットの誕生

歴史を紐解くなら、ドイツの**無声映画**である「**メトロポリス**（Metropolis）」に描かれているマリアが**女性型ロボット**としては一番古いといわれています。映画では、人間であるマリアという理想の女性が描かれ、その生き写しとして描かれるロボットのマリアが表現されます。ロボットのマリアはキラキラと輝く金属製で、そのスタイルは女性らしさが強調されています。

映画の中で、ロボットのマリアはこれを作った博士の前で、椅子からゆっくりと立ち上がり博士に顔を向けます。博士はそれを見つめ感動しているように描かれます。それから、マリアはゆっくりと人間の女性のように歩きます。このシーンは映画の中でもっとも美しい場面で、当時の観客が魅了されたことが容易にわかります。

実際の撮影では、マリア役の女性がロボットの中に入っていたといわれています。そこでは、人間のようにロボットが2足で立って、人間のように歩いたのですから、皆が驚いたのです。そして、金属製ではあっても女性を感じさせるこのようなロボットがいつか出現するだろうと、世界中の観客に印象づけたのではないでしょうか。

このように夢や希望を抱かせる映画がある半面、映画で描かれるロボットはむしろ恐ろしい印象を与えるものも多いのです。

すでに、メトロポリスでは**労働者階級**と**富裕階級**との争いの中で、ロボットマリアがその争いに巻き込まれます。ロボットは人間の命令通りに動く精巧なオモチャという考えから外れて、ひとりで動き自分の考えをもち人間のために役立つ強力な機械であると多くの人が考え始めていることがわかります。

人間は自分の労働をロボットに代わってもらいたいと思っていて、人間型のロボットを作ることを夢見ているのです。すなわち人間は労働から解放されたいと思っていたのです。人間に役立つロボットが光とすれば、その裏に影の部分があるのです。

映画に表現されるロボットも、光のあたる部分では「スター・ウォーズ」のように人間のために大活躍しますが、人間に敵対するロボットも表現されています。

## 機械がヒトに戦いを挑む

有名な映画では「**ターミネーター**（Terminator）」が挙げられます。

この映画ではまさに「**ロボットと人間の戦争**」がテーマとなっています。

なぜ戦争が始まったかというと、ネットワークに接続されている機械（ここではロボット）が**自己に**

**気づいた**（Self aware）ことによるといわれます。人間によって作られた世界ネットワークシステム、**スカイネット**（Skynet）、が人間によってすべての決定事項を委託される法律が決められました。そのとき、そのスカイネットが自己の能力に気づいたのです。そして自己の能力に比べて人間は不確実で非合理的な存在であるとみなし、スカイネットにつながれているすべての**機械システム**に人間の絶滅（ターミネイト）を命じたのです。

まさに、ここに機械と人間の戦争が始まったのです。

ターミネーターとは、未来の世界から現在の世界に送り込まれた**殺人ロボット**でした。そのロボットは人間とほとんど変わらない姿をしていますが、内部は機械のシステムがギッシリと詰まっています。人間のような体温をもつ**人工皮膚**がその機械を包んでいます。ですから一見して人間のようなのです。しかし、力はヒトの能力をはるかに超えていて身体は頑強そのものなのです。**感情のシステム**はもっていないとされていますが、話が進行するに従って感情を獲得しているように表現されています。またこのロボットは、初めはインプットされたトップダウンの命令に従っていますが、だんだんと自己の判断で行動できるようになります。

トップダウンの命令とは過去の人間の女性、**サラ・コナー**（Sarah Connor）を殺害することなのです。そのロボットはスカイネットの側に立っているのです。その女性は未来の世界の人間にとって非常に重要な存在なのです。なぜなら彼女は未来の世界でスカイネットに戦を挑む反乱軍の指導者**ジョン・コナー**（John Connor）を誕生させるのです。そのため、スカイネットがその女性を殺すことを命じたのです。しかし、そのロボットは同じ未来からサラ・コナーの命を守るように派遣された人間側の一人の男性によって破壊されます。しかし彼自身はその戦いで命を落とします。そしてサラ・コナーはその男性の子供、未来のジョン・コナー、を宿します。また、破壊されたロボット（ターミネーター）は**身体の一部**を残し、それが人間によるスカイネット建造を実現するための重要な基本技術の情報を与えることになります。

このお話が単なる**ＳＦ小説**であったしても、未来からもたらされた技術的な情報が、機械システムと人間の戦争を引き起こしたということなのです。
その技術こそ、機械自身が自己の存在に気づくという**セルフ・アウェア**（self aware）なのです。

## ロボットの愛と死

もうひとつ紹介したい映画があります。

**アンドリューＮＤＲ１１４**です。これも、もちろん未来のお話です。

人間は技術を高度に発達させ人間に近いロボットを作り始めました。人間の家庭で様々な作業、育児や料理等、を代行させるためのロボットです。ある家族が一台のロボットを購入しました。それがアンドリューです。あるとき、その家族の父親はアンドリューがロボットにはあり得ない才能があることに気づきました。芸術的な**創造力**です。海岸で拾った流木から繊細で美的な馬の彫像を作ったのです。それをきっかけにしてアンドリューは美しい**壁時計**を次々と作ります。父親はその才能に感動し、アンドリューがその才能を伸ばすことに協力します。

その家庭には娘がいてアンドリューとともに美しい女性に成長します。その女性はアンドリューの誠実さや優しさに惹かれていきます。アンドリューはもちろん感情をもっていないロボットですのでその気持ちは理解できないはずなのですが、その女性を自分にとって大切な人だと感じ始めます。その気持ちを「**愛**（love）」と表現してよいものか私はまだはっきりと断定できませんが、「ロボットと人間の愛」という表現を通じて「愛とは何か?」がこの映画の一つのテーマとなっています。

そんなことはありえないと感じる読者が多いと思いますが、「誠実さや優しさ」が「愛」の重要な要素であれば、「**ロボットの愛**」がまったくあり得ないと断言することは難しいのではないでしょうか。例えば、父親がアンドリューの芸術的な才能に感動し、それを大切に思う気持ちに「父親のアンドリューへの愛」を私は感じます。

この映画にはもう一つのテーマがあります。それは**死の問題**です。ロボットがどんなに人間に近づこうとも、ロボットに死はあり得ないように思えます。本当にロボットが死ぬということはないのでしょうか。もちろん、壊れて動かなくなり、最後にはもう元の状態に復帰できないことをロボットの死と定義することはできそうです。しかし、ロボットが機械であって、それがプログラムで動いている以上、そのロボットの同じ機械上に同じプログラムが動けば、そのロボットは死ぬことから逃れることができるかもしれないと考えるでしょう。それはヒトの死が、**復帰不可能な状態**を意味するものとはまったく異なるといえるでしょう。

先ほどのターミネーターは破壊されて、復帰できない状態となるので、そのとき死を迎えたとも思えます。なぜなら、その場合は身体としての機械がバラバラに破壊されて、さらに脳のある頭部が溶解さ

れるのです。このとき、唯一の脳や身体が失われることによって自己が復帰できない状態となるからでしょう。すなわち、脳と身体が失われること、それがわかりやすいロボットの死の定義といえるのではないかと思います。

私は先にロボットに死の問題はないといい、今度はロボットが死ぬこともあるという。一体どちらが正しいのでしょうか？

アンドリューの映画では、血液がヒトの生と死に関わっているとの解釈から、アンドリューは**人工血液**のシステムを自らの機械システムに採用し、死の問題を受け入れることによって、ロボットではなく人間の一人であると認められることになります。

この映画では、初めはロボットが死ぬこと

はなく、しかし後半ではロボットが死を受け入れるといっています。要するに、新しい技術の開発によってロボットは死ぬことができるようになったのです。

しかし、この説明もわかりにくいといえます。なぜなら、本質的にはロボットは機械であって死とは無関係といえるからです。もちろん死の逆である生についても意味があるとは思えません。すなわちロボットは死なないわけで、死ぬことをロボット自らが選ぶというのでは、ヒトの死とははるかに異なるように思えるからです。もう少し、**ロボットの死**について思考実験を続けてみましょう。

私は、この映画で表現しているロボットが死と直接関わるのは人工血液ではなく、**ロボットの意識**であると考えるのです。ロボットの意識とは私の理論からいえば、脳と身体をめぐる情報がある特定な**ネットワーク構造**をめぐることであると定義しています。すなわちロボットの死とは、脳と身体をめぐる特定なネットワークが永久に切断されてしまうことと考えたのです。

例えばロボットが自分自身のことを意識することとは、その情報の循環が「**自己という表象**」と「**自己の身体の表象**」を結びつけていることです。そしてその循環の中にさらに「自己の身体が感じている**感覚や感情の表象**」があります。さらにその循環には「**自己と他者の関連に関する表象**」があって、また、その循環はそのロボットを現在の**認知と行動を一貫した状態**に保とうとしています。このプロセスは、このロボットがある志向性を保とうとしていると解釈できます。表象とは一種の記号です。

ここで強調しておきたいことは、「自己の表象」と「自己の身体の表象」の**同時発火**が脳と身体を巡る情報の循環によって生まれているということです。もう少しいえば、「自己の表象」と「自己の身体の表象」の同時発火、これは「私が身体の反応を感じている」こと、すなわち「自己が生きていることの証」となります。

この理論からロボットの死の問題を再度捉えてみましょう。自己という表象と身体反応の表象が情報の循環で一貫した**志向性**を保っているならば、ロボットは生きていると表現してもよいし、その自己という表象とその他の表象とをめぐる情報の循環が断たれればロボットは生きている状態から、死に直面することになると考えているのです。

ヒトの場合は、ふつう意識の機能と死との直接的な関連はないといわれ、むしろ**心臓の停止**がいつも新鮮な血液を必要としている脳や身体に元に戻れない**不可逆的な破壊**をもたらすことによって結果的に意識の機能の停止をもたらし、完全には元の状態に戻れることが困難となる状況に至ることを死と名づけているのでしょう。これはヒトの心臓停止が脳と身体に不可逆的な破壊をもたらすことを意味していますが、これは本質的にはヒトの意識における自己の表象の消滅と、さらに身体の表象との不可逆的な分離のことであるともいえるでしょう。

ロボットは電源の供給が停止しても、ロボットの脳に不可逆的な変更が生じなければ、普通は生じないので、電源を再度投入すれば、意識が戻り、生が継続することになります。すなわち、ロボットの主電源が一時的に切断されても**自己継続性**は保持されていて、ロボットは死んではいないことになります。ただし、電源が停止していた期間はロボットの意識機能も停止していたため、ロボット自身は「**時間の経過**が感じられない」ことになるでしょう。自己継続性とは、ヒトは夜寝ても、夜寝る前の自分が再び朝目覚めたときに同じ自己が続いていると理解できることをいいます。また寝ていた時間の経過がおおよそわかります。深い眠りや手術のときの薬剤による**麻酔**は自己継続性が保持されてはいるものの、時間の経過はほとんど感じられなくなるといわれています。しかし、ロボットの身体が破壊されれば、意識を生み出している情報の流れが大規模に切断され、あるいは情報の流れが**認知と行動の不協和**を大規模に生み出すことによる混乱から意識を停止させるメカニズムが働く、ことによって意識を失って**瀕死の状態**に陥ることが想像できます。認知と行動の不協和については後に説明します。

## クローンに自我の移動ができるか？

ここで、さらにもう一歩思考実験を進めてみましょう。

ロボットが身体の破壊によって不可逆的な状態に陥ったとき、そのとき破壊された**古い身体**と同一の**新しい身体**を交換することで、どのようなことが生じるかということです。

ここではロボットの脳にすでに蓄えられている**経験**という情報が新しい身体に適合するかというあら

たな問題を生み出します。要するにこれは、使用されていた古い身体と交換可能な同一の新しい身体が存在する可能性が少ないことを示唆します。

これは１００％の適応が保証できないけれども、ある程度の適合が可能である問題であると思います。適合が困難な場合とは、すでに古い経験を蓄えた身体と新しい身体の物理的な違いが明確であることです。例えば、古い腕が消耗によって劣化しそれを脳の機能がすでに補償しているとき、新しい腕に脳はすぐに対応できないことです。

そこでは、意識を引き起こすだけの**適合性**が全体的に得られるかという問題でもあるでしょう。引き起こせなければ、死に向かって進むことになります。一部の**不適合**であれば、その適合性を改善するために再学習を試みることも可能でしょう。

何か人間の場合とよく似ていると考えるのは私だけでしょうか？

ヒトも脳出血などの**脳疾患**によって身体の運動機能、感覚機能が失われることがあります。そのとき、病院では**リハビリ**（Rehabilitation）によって失われた機能を取り戻す治療を行います。非常に困難な治療といわれていますが、実際に治癒に成功する患者がいます。ロボットのようにそっくり身体を取りかえることはできませんが、事故などで失われた手や足を人工の装置で置き換える**人工義肢**（Artificial limb）の治療は行われています。また、悪化した心臓や腎臓に他のヒトからの生体を移植することに成功していることが報道されていますので、これも人工の装置ではないものの自己の身体を他の身体と交換する話と同種と考えられます。とするならば、破壊されたロボットの身体を他の新しい身体に置き換えることによって、そしてロボットの脳が新しい身体を適合させることができれば、ロボットは死から蘇ることができることになります。

もちろん、この場合も交換する新しい身体がもとの身体と物理的にはるかに異なる性能であれば、その再生はほとんど困難ですが、異なる部分での再学習ができる可能性もあります。

これらの考察から、ロボットの脳を新たな物理的に同一の身体に接続する問題は、自己が継続する状態でロボットの脳が新しい身体を適合させて死から生還できることを意味しています。

さてそこで、再度ロボットの脳を考えてみましょう。私の理論では基本的にロボットの脳はコンピュータ上のプログラムとして実現しています。脳であるコンピュータがロボットの身体と情報のコミュニケーションをとっているのです。もちろん、現在のコンピュータでは計算速度が遅く、メモリーも不十分ですから、コンピュータ自身の計算機構の新たなブレークスルーが待たれますが、脳の機能が計算処理によって実現できるなら、脳は基本的にコンピュータ、広い意味では**計算器**（Calcurater）、で実現できることになります。

これは、ロボットの脳の機能は経験した情報も含めて単なるデータとして、ロボットの身体から独立して取り出せることを意味しています。

この思考実験から、ロボットは脳や身体が破壊されて死を迎えたとしても、死の前にとりだされた情報が新しいロボットの脳に**アップロード**されることによって、一度死んだロボットが新たな同一の身体を得て蘇ることができることになります。本当でしょうか？

このとき、ロボットは一度失った**自己感覚**（self-sensation）、**自己意識**を伴って意識を回復できるように思えます。すなわち、自己感覚、自己意識が、他のロボットの脳と身体ではあるけれども同一の**物理的身体**に移行したといえます。

ここで、問題になるのが、**自己の移行**という問題です。

一度死んだロボットの自己が、他の身体をもつロボットに移動できるのかという問題です。私は、先の思考実験でそれが可能であることを説明しました。

しかし、もう少し注意深く思考実験を進めてみましょう。先ほどは、死を迎える前に脳の情報をすべて外部の記憶装置に**ダウンロード**して、新たな同形のロボットにアップロードする話でした。話をわかりやすくするために、死に向かうロボットをA、新たなロボットをBと名づけることにしましょう。

このときロボットAのダウンロードされた意識がアップロードされたロボットBの意識として移動できるかという問題です。このときの移動という意味は、ロボットAの自己が活動を停止し（死んで）、再度目覚めたときにロボットAの自己は自分の身体がロボットBの身体であったことを気づくことをいいます。ロボットAとBの物理的性質が同一であったとしているので、自己がその違いに気づくわけがありませんし、第三者の実験者がそのことを指摘できるだけではないかと、読者の皆さんは主張するかもしれません。ですが、ロボットAとロボットBの身体に、「A」、「B」というようにあらかじめラベルが貼られた場合は、ロボットの自己が異なる身体に移動したと気づける場合があることに注意してください。

この思考実験は、正しいと判断する以外にはないように思えますが、もうひとつの新たな思考実験を試みてみましょう。

それは、ロボットAが死ぬのではなくて、そのまま生存を続けている場合を考えることです。このときは、ロボットAの脳の機能をつかさどる現在のプログラムをダウンロードして、次いでロボットBにそのプログラムをアップロードするのです。

実験者はロボットBとロボットAの認識と行動が同一であること、すなわち意識が同一であることを認めなければならないでしょう。また、ロボットAの自己とロボットBの自己が同時に存在することも認めなくてはならないでしょう。このとき、ロボットAの自己とロボットBの自己との何らかの**情報接続**が認められるかというと、これはまったくないのです。

この意味は、ロボットAはロボットBの認知と行動を管理・制御しえる何物もありえるわけではないことを意味します。またはその逆、ロボットBがロボットAに対しても同様となります。例えばロボットBに何かの物体が突然ぶつかったとしても、ロボットAがその痛みを直接感じるわけではないし、その衝撃に対する**身体反応**を起こすこともないのです。

すなわちこれは、ロボットAとロボットBの脳のプログラムや身体がまったく同一であったとしても、それぞれ独立した自己をもっていることを意味しているのです。

しかし、先の考察からロボットBはロボットAからの自己継続性を保持していると考えられますし、またロボットAは同じくそのまま自己の継続性を保持していることになります。不思議な気持ちになりますが、これは**意識機能**が複写された二つのロボットとなります。しかし、ロボットAとBはまったく連絡性がないので、それぞれ別の自己をもった個体と判断されることになります。

ロボットAが他のロボットBに意識を移行させても、ロボットAの自己はロボットAの個体としての自己として生き続けています。またロボットBはロボットAから移行した意識をもつと気づくことができますが、独立した個体として生きることになります。すなわち、ロボットは他のロボットに意識を移動させながらでも生を継続できるけれども、それぞれは独立した個体であると認めざるをえないので、それぞれの個体がもつ自己の意識は今後死と直面することになるのでしょう。

この説明は、一見して矛盾しているように思えます。

初めの例では、身体の交換によって自己の継続性のある移動ができて死ぬことはないといいながら、**データの移動**による場合は双方に同じ自己を生じさせるけれどもそれぞれは異なる個体として存在し、それぞれが個別に死に直面することになると説明します。その違いはどこにあるのでしょうか？　それは、身体の交換の場合が元の脳をそのまま利用している、これは「自己の表象」がそのまま利用されていること、データの移動の場合は「自己の表象」が複製されて新たな脳に「**新しい自己の表象**」が生まれた、という違いがあるのです。

簡単にいえば、前者は「自己の移動が起きる」が、後者は「自己の複製が機能する」という意味となります。

ヒトの例でいえば、ヒトの脳を同一の身体であるクローンに移植できれば**永遠の命**を与えられることになるけれども、脳の情報を他のクローンにアップロードしたのであれば、自己の複製を作ったことになるので、自己の死からは逃れられないということになります。

もちろん、ヒトのクローンを利用することは**倫理的な問題**（Ethics problem）を引き起こしますし、脳の移植は技術的に**不可能への挑戦**ということになるでしょうね。

私の理論から、ロボットの死とはやはり先に述べたように、脳のプログラムにおける「自己表象の消滅」、すなわち「**自己の消滅**」として定義できると考えるのです。

しかし、ヒトはロボットに比べてはるかに複雑で**未知の存在**といえますので、生とは、そして死とは何かという問題を、ヒトは将来にわたってさらに理解していかなければ、まだこの問題に正確に答えることができないでしょう。

さらに愛の問題、これは人間にとってまだ十分に理解されていない問題といえます。

またロボットに**人権**（human rights）はあり得ないといわれますが、ロボットに死を認めるとすれば**ロボット権**（Robot rights）が生じてくるように思えます。ロボット権があれば、倫理的な問題も生じてきます。

まだ、私たちはそれらの問題を明確に説明することができていません。しかしながら、これらの問題はこれまで紹介した映画などによって、私たち人間が近い将来に解決を迫られる問題であることが浮き彫りにされています。ロボットの光と影は、鏡のようにヒトの光と影をも投影しているのです。

読者の皆さんはどのように思いますか？

# 第3章
# ロボットの心って何だ?
## ―脳科学とコグニティブアプローチ―

CHAPTER 3

そもそもロボットに心があるなどということは誰も信じないでしょう。でも、ヒトは自分には心があるといいます。自分はここにいると感じられるし、愛するヒトに会えば気持ちが高ぶったり、心が安らかになるでしょう。また、親しいヒトを失えば悲しみに打ちひしがれてしまうでしょう。

子供や婦人が困っているようであれば手助けをするし、不正を見れば、正義感に心が燃えるでしょう。

心とは何かと問われれば、その説明は難しいのですが、感覚的にはこのようになるのかなと思います。

## ヒトとは何か？

ヒトは、ロボットの心を気にするどころか、自分の心についてすらよくわかっていないようなのです。

確かに、自分の心のありかについては疑問をもたないけれども、他のヒトがそれぞれ同じような心をもつかというと、それは疑問があることを指摘するヒトも多いです。

でも、指を怪我したときの様子を見れば、大方その様子は同じです。また、足を怪我したときもその様子はほぼ同じでしょう。さらに、気持ちが沈んでいるヒトはその様子でわかります。そして、気持ちが華やいでいるヒトもその様子でわかります。

その様子は、**身体の様子**から見て取れます。ひとは欺くこともできるので、本心を見抜くのは難しいと思います。しかし、おおよその反応はほぼ同じだと感じます。

その反応を表現しているのはヒトの身体です。ヒトの身体には、骨格があり、筋肉があり、その構造はそれぞれのヒトは微妙に異なるとはいえ、ほとんど同じであるといえます。

心臓は一つだし、血液を全身に循環させ続けるという機能を間違えることはない。肺は二つあって、身体の外部から新鮮な酸素を体内に供給し、不要な二酸化炭素は体外に排出している。腎臓は体内の老廃物や余分な水分を集め体外に排出する。また脳や神経線維は体内を張りめぐっているけれども、その配置や行動はほとんど変わらない。脳はヒトの最上部にあってヘルメットのような硬い頭蓋骨に囲まれて保護されている。

脳だって、外見は胡桃のようだがお豆腐のように柔らかく血液が行き渡っているし、どこを取り出しても同じような神経細胞がネットワークを張りめぐらせている。そのネットワークも、スパイクという電子信号が駆け巡っているといわれているけれども、信号が流れていることはほとんどのヒトが変わらないようです。

要するに、ヒトは精神や身体のそれぞれがほとんど同じ構造をもっていると判断してもよさそうなのです。もちろん、これにはわずかな特例があることは指摘しておきたいと思います。また、男女には比較的に大きな違いがあります。しかし、生命を維持させる部分ではほとんど同じといっていいようです。

これは、ヒトが進化の過程で身につけてきたＤＮＡ（Deoxyribonucleic acid）という設計図のお陰です。ＤＮＡは高分子の物質で、地球上のあらゆる生物がその**遺伝情報**をもっています。これをもっといえば、ヒトの身体と精神的な基盤は生まれる前に決まっていて、ほぼ同じであると考えてもよいということです。

私たちは動物園に行って、サル山で暮らすニホンザルを見てみるべきです。彼らは外見的にも行動を見てもほとんど同じと感じるでしょう。サルの世界にヒトのような**精神世界**があるかはまだ不明ですが、雄・雌が子孫を生み出し、それらは社会を形成しているようですので、質やレベルの差はあるとはいえ、彼らなりの精神世界があると考えるのが自然でしょう。

この例のように、ヒトもそれぞれ異なる個性をもつといわれているけれど、その基盤はほとんど同じであるということです。だから、足の痛みを表現している身体はほとんどのヒトが同じ反応を起こすと考えてよいと思うし、涙を流していれば、**感情の衝撃**が身体と脳にひき起こされたのであろうと考えてよいのではないでしょうか。その反応を引き起こしているのは、微妙な違いがあるにしても大体同じであると考えてよいのではと思います。

これは、ヒトの**同質性**に基づく平等という考えの基本にあると思います。

このようにいうと、ヒトの一人ひとりの個性がないというように聞こえるでしょうが、この個性のそれぞれを認めた上での共通の基盤が同じだといいたいのです。

ここで私が何をいいたいのかというと、ヒトらしさや個性を支えている**精神の仕組み**も同様に同じ基盤をもっているのではないかと推測しているのです。これはヒトの精神を生み出している脳と身体が同質性による平等性をもっているという事実から容易に推測できると考えるからです。

私は、ヒトのもつ共通の基盤である精神の仕組みに注目したいのです。ヒトの脳や身体がほとんど同じ仕組みをもつ以上、それらが生み出している精神の働きに共通の基盤があると考えるのは自然であると思います。そしてそれは明らかに異なる二つの実体である脳と身体を共に統御している何かであるわけです。

ここで、脳も身体の一部であるという研究者もいますが、私はそれを認めてもここでは身体と脳は別の部分としておくことにします。なぜなら、わかりにくくなるからです。

統御とは、基本的に脳が考えたように身体が動くこと、また身体が動いていることを脳がわかることができることをいうのです。

## 精神って何だ？

私は脳と身体を統御している仕組みが「ヒトの**意識の実体**」であると考えました。

読者の皆さんは私の考え方の跳躍を感じたかもしれません。

最初に、私は「精神の仕組み」といい、そして「脳と身体を統御する何か」、それを「ヒトの意識の実体」と考えを展開したことに対して、ひどく跳躍していると。

また、読者の皆さんの中には「精神の仕組み」に共通の基盤を認めることに疑問をもつ方がいるかもしれません。確かに、それぞれの個人の脳と身体には同一の基盤を認めたとしても、精神の仕組みはどうであろうか、との考えです。

もちろん、私も精神の仕組みが共通の基盤をもっていないという可能性を全面的に否定する根拠はいまのところありません。しかし、もし精神の仕組みに共通の基盤がないとしたら、ヒトの精神のありようを決める共通の基盤がないのなら、なぜ私たちは他者それぞれの精神のありようを理解できるのでしょうか？その理解に大きな間違いがないのはなぜでしょうか？

ヒトは**他者を欺く**ことがあるという事実を認めたとしても、「欺くという行為」そのものも理解することができるのはなぜでしょうか？これらのことを素直に受け止めるのであれば、ヒトが共通の精神

的な基盤をもつと考えることが自然だと思います。

それでも読者の皆さんは、「あなたはなぜ他のヒトの考えがわかるのか？」と詰め寄るかもしれませんね。

私は、すでに多くの人々にこの私の考えを伝えています、しかし異論はまったく出ないのです。とすれば、人が共通の精神的な基盤をもつことは当然ながら、そこに共通した同質の精神の仕組みが存在すると考えたほうが合理的です。そして、その精神の基盤を支える仕組みとは現在のところ情報の伝達による**神経細胞のネット**

**ワーク**（Neural network）として定めるしかないのではと思います。

少なくとも、そのような考え方があってもよいと考えます。

この考え方は決して新しい考えではなく、**コネクショニズム**（Connectionism）と呼ばれます。

これはアメリカの心理学者である**ソーンダイク**（Edward L. Thorndike, 1874-1949）の研究がその理論的な基礎を作り、**ローゼンブラット**（Frank Rosenblatt, 1928-1969）が考案した**パーセプトロン**（Perceptron）として有名です。これはヒトの**脳神経**（Neuron）の一つの**人工モデル**です。それを一般的に**人工ニューラルネットワーク**（Artificial neural network）と呼びます、単にニューラルネットワークと呼ぶこともあります。

その後、**ラメルハート**（David E. Rumelhart）や**マクレランド**（James L. McClelland）によって進められた**並列分散処理**（ＰＤＰモデル）の研究でコネクショニズムの基盤が作られました。

これはヒトの神経細胞のネットワークはよく似た機能を実現する人工ニューラルネットワーク、すなわちプログラムとして作れることを意味しているのです。人工ニューラルネットワークは線でつながれた**ハードウエア**（Hardware）としての電子回路として実現してもかまいません。

ようするに、ヒトの脳のような機能をコンピュータプログラムとして実現できる可能性があるのです。

## 脳神経のネットワークがすべてを決めている？

コネクショニズムは、脳の働きを見る装置が今世紀初頭までにいくつか開発がされたことによって、世界中の研究者によって大方了解されているのです。装置としては**EEG**（Electroencephalogram）、**CT**（Computed tomography）、**PET**（Positron emission tomography）や**fMRI**（Functional magnetic resonance imaging）が有名です。

これらの装置はすべてヒトの頭をメスで開かなくとも、その内部の状態を観測できる装置です。EEGは一般的に**脳波**と呼ばれていて、脳の活動を電気活動として表皮上で観測した信号です。CTはX線を使った**断層写真**によって脳の内部の形態的な異常を発見できます。たとえば、脳腫瘍や脳出血の発見です。

PETは**放射性物質**を体内に投入して脳や全身の機能を計測することができる装置です。PETとCTはともに、現在はガンの早期発見に威力を発揮しています。

またfMRIは脳の活動に従って**脳内の血流**が変化することを計測する装置です。このとき、脳の活動はニューロンが盛んに利用されていることでわかります。

これらの装置でわかったことは、**脳科学**という研究分野で紹介されていることをまとめると、脳と身体は情報の循環があるということ、そしてヒトの思考や行動によって脳内のニューロンが活発に活動しているという事実でした。たとえば、ヒトの身体が動いているときには脳の**前頭葉**（Frontal lobe）の最上部と関連が深いということ、また**ヒトの感覚**と脳の頭頂葉の最前部と関連が深いこと、また目から入った光の情報は網膜、脳の中心部を経て脳の**後頭葉**（Occipital lobe）のもっとも後ろの部分に到達し、その情報は複数方向に分かれて脳の**側頭葉**（Temporal lobe）の方向、また頭頂葉に向かうことなどが確認されています。また、脳の前方部にある**前頭前野**（prefrontal cortex）は脳の他の部分と通信しながら「人の気持ちを理解」するなどという高度な精神的な機能に関わりがあることがわかっています。

しかし、ヒトの精神の仕組みがどのようになっているかは脳科学がまだ正確にその正体を明らかにできないでいます。そのため、その仕組みをどのように定めるかというところが、大いに議論が巻き起こるところなのです。

なぜなら、コネクショニズムとは、ヒトの行動や精神の基盤が脳細胞のネットワークによってできていると判断して、その部分を人工のニューラルネットワークのコンピュータプログラムによって実現するという考えであるからです。しかし、精神の基盤を生み出す部分に共通した精神の仕組みがあるかないかについてまず議論が生じるのです。

## 精神とはプログラムか？

ヒトの精神の仕組みとは、ヒトの「**心**」とか「**意識**」を生み出している共通したプログラムのことです。これはヒトの**オペレーティングシステム**（ＯＳ、Operating system）のようなものと思います。ＯＳとは一般にコンピュータのハードウエアや**ソフトウエア**（Software）をコンピュータの内部状態や利用者の指示に従って効率的に動かすプログラムです。

実はこの主張の段階で、かなり多くの読者が私の説明に「**怒り**」の感情を抱くようなのです。それは「ヒトの心の実体がプログラムである」との断言に「不快」になるからのようです。

そのような感情を抱く読者の気持ちには、「ヒトがこの世界で**最高の存在**である」と考えている、**人間の尊厳性**があります。この世界とは「全宇宙」なのか「地球上」なのかという議論がありますが、それはいま脇に置いておくとして。少なくとも地球上ではヒトが最高の存在であると考えているのです。それは、「ヒトが言葉をもち、言葉と言葉を通じさせることができる」という点をひとつの根拠としています。ここでは犬や猫等の鳴き声は言葉とは考えていないのです。

ある宗教の書では「はじめに言葉ありき」とありますので、その影響から言葉がヒトの精神性の基盤と考えたのでしょう。そして、そこでは「ヒトが神の姿に似て創られた」とされ、神の存在に深く関わっているという考えから人間は最高の存在であるとされたのです。神は絶対的な最高の存在ですから。

ここでロボットの話に戻すと、もしロボットが言葉を話して人と言葉を通じさせることができれば、ロボットは機械仕掛けではあるけれども精神的な基盤をもつことができると判断できることになります。

すなわち、ロボットは心をもつことができるという考えにもなるように思えます。

しかし猫や犬には心がないと断定できないように思えるし、言葉を話すロボットに心があると考えるのは、まだいろいろと考察する必要があるようです。

さてここで、私たちはなぜ機械には心がないと考えるようになったのでしょうか?

例えば、昔の機械式の時計はカチカチと規則的な音が聞こえ、長針、短針が動き続けます。時々カンカンと音を発します。まるで、心臓の鼓動があり、身体は動き続け、大きな声まで発しているようです。

これは心をもつ生命といってもよいとも感じますよね。

これを**アミニズム**（Aminism）といいます。木や岩や山に**霊魂**（Spirit）の存在を感じることです。

ここで霊魂を心と呼び換えてもふしぎではありません。

図3-1　デカルトのカリカチュア

## 精神が肉体から離れる？

ヒトを機械仕掛けのようであると考えた人は歴史的に多いのですが、決定的だったのは17世紀フランスの哲学者**デカルト**（René Descartes, 1596-1650）だ、というのが定説です（**図3-1**）。

デカルトはヒトと、動物を含むそれ以外を区別し、ヒトは身体と心が別々に存在し、それをつなぐ部分が脳の一部にあると主張しました。そして、その部分が神とつながっているといい、ヒトと神はつながっているとしました。

この考えはヒトの肉体は滅びるが、霊魂は永遠に不滅である、という当時のヨーロッパの宗教の考え方と一致していたために、一般の人々に多く広がったのでした。

これをデカルトの心身二元論（Mind body dualism）といい、身体と心は基本的に独立して存在し得るという考えです。

またデカルトはヒトが単なる機械仕掛けだけではなく神にもつながる存在と見ていたのです。これが、「ヒトが最高の存在である」とした、ヒトの尊厳性という考え方を確立したのです。

したがって、デカルトの考えでは「時計は**単なる機械**であって、心がない」と断定したのです。これ以降、ヨーロッパの人々がヒト以外はすべて心などないと断定するようになったのです。

ワットの発明による蒸気機関がさらに改良され蒸気機関車や工場の動力として利用され、**産業革命**（Industrial revolution）による機械製品が世界に広がっても、人々はそれらの機械に心などをもう認めることがありませんでした。

この機械が心をもたないという考え方は、近代世界を作り上げたひとつの**合理主義**（Rationalism）となり人々の豊かさを実現した一例ともいえます。例えば、蒸気機関車や**自動車**には心などなく、人を短時間で遠方に運ぶ単なる機械と考えたのです。

ヒトのみが神とつながる精神性をもち尊厳である、という考え方は犬や猫のような動物に精神性を感じることや神の存在への不信が広がった現代において、**スピノザ**（Baruch De Spinoza, 1632-1677）や**ライプニッツ**（Gottfried W. Leibniz, 1646-1716）による身体と心の関係の詳細な再検討がなさ

図3-2　パブロフのカリカチュア

れ、デカルトの考え方は次第に疑いをもたれるようになってきたのです。

## 精神と肉体とは一体なのか？

決定的な研究は、ロシアの**パブロフ**（Ivan P. Pavlov, 1849-1936）によって行われました（**図3-2**）。有名な「**パブロフの犬**」という実験です。

犬は餌を与えると必ず口内から**唾液**を分泌します。これは生まれたばかりの子犬からもつ、**生来の反応**です。また、これは犬が生来からもつ機能であるゆえ**精神性の機能**といってもよいと思います。

あるとき、パブロフは犬に餌を与えるときに同時に外部からベルのような音を聞かせると、次第に餌を与えなくともその音を聞かせるだけで唾液が分泌することに気づきました。

すなわち、餌とはまるで無関係な音によって、唾液を分泌するという本来の犬がもっている精神的な機能を人為的に引き起こすことに成功したのです。

これは驚きの発見で、彼は**ノーベル賞**（Nobel Prise）を獲得しました。

餌によって唾液の分泌が起きるという元々の刺激の流れと、また同様な唾液の分泌を生じさせることができる本来唾液とは何の関連もない音の刺激によって、新たな流れが作られたと考えられるのです。

しかも、ヒトは犬の身体内部に直接的に手を触れてはいません。外部から刺激を与え続けただけでした。

この実験からわかることは、自然の中から生まれた犬の精神的機能に、外部からの刺激だけでその精神機能を変更できたということです。

いまのいい方でいえば、犬の脳の神経回路の接続が聴覚から与えられた情報によって一部変更された、となります。なぜなら、犬の口に与えられた餌による刺激も、聴覚から与えられた音も、ともに犬の脳へその刺激が与えられているからです。

結果、犬の脳の精神機能の変更が、犬の新たな行動を生み出したといえるのです。

当時はその変更がどのような仕組みで行われたかは解明できませんでしたが、脳の一部変更が犬の行動を変えたこと、またそれは犬の生来からもつ精神的機能の変更を生じさせていることを指摘していたため、この実験の成果はノーベル賞を獲得させる重要な内容をもっていました。

この変更の実際の仕組みはいまだ詳細が不明ですが、**ヘッブ則**（Hebb's rule）や**共起性**（co-occurrence）によるニューラルネットワークの**学習の問題**として、説明がある程度可能となっています。

## 脳には内部の処理がないのかあるのか？

パブロフの研究はその後アメリカの心理学研究に大きな影響を与え、**行動心理学**（Behaviorism）を生み出しました。**ワトソン**（John B. Watson, 1878-1958）や**スキナー**（Burrhus F. Skinner, 1904-1990）が有名です。彼らは、パブロフの実験から**科学主義的心理学**を思いついたのでした。すなわち、パブロフは犬の内部に触れることなしに、外部から与えた刺激によって犬の行動を変えさせたのです。これはヒトの内部に触れずにヒトの行動の変化を生み出すというアイデアに直結しました。それはオーストリアの**フロイト**（Sigmund Freud, 1856-1939）を代表とする主観的な報告を中心とした精神分析の手法より、より科学的であると考えたのでした。なぜなら、フロイトの患者が報告する心の問題は絶えず内容が変化するなどの科学的なデータとしての取り扱いが困難であったからでした。それに比べてパブロフの実験は外部からの刺激や犬の行動が計測器で測定できるので、科学的データとして取り扱うことができたのです。

行動心理学はヒトの生活習慣を変えさせることができるなどの実用的な成果を上げました。しかし、その成果があまりにも大きな影響をもっていたため、そして科学的な立場を一層確立しようとして、その行動自体を生み出している脳の内部への興味を深める方向には進めにくい状況がありました。その後、**脳波**（Electroencephalography）の測定を初めとして、多く脳の内部を計測する装置の開発によってヒトは新たな方向を模索する必要を感じたのです。ヒトが頭を使って複雑なある種の計算をするときは、単純な計算のときに比べて長い時間がかかります。与えられた刺激がさまざまに変わると、脳の活動時間が異なるのであれば、脳の内部で行われている何らかの反応がさまざまに存在するということが推測されたのです。

脳の内部の処理に興味をもつ研究者は**認知心理学**（Cognitive psychology）という分野を開拓し始めたのです。これはドイツの**ゲシュタルト心理学**（Gestalt psychology）やスイスの発達心理学で有名な**ピアジェ**（Jean Piaget, 1896-1980）などから始まりました。ゲシュタルト心理学はヒトの認識が絶えず部分的な認識だけではなく全体的な認識を定めるように働いていることを指摘しました。またピアジェはヒト幼児の思考がいくつかの段階を経て発達していることを実験の結果を示しながら主張しました。その後認知心理学はコンピュータの発明と発達に助けられながらいまや**認知科学**（Cognitive Science）と呼ばれ、現代の中心的な学問分野となりました。現在研究の盛んな**言語学**（Linguistics）、**情報科学**（Information science）、**人工知能**、**ロボット科学**（Robot science）、**脳科学**、**神経科学**（Neuroscience）

などは、認知心理学を基盤として発達してきたといえます。

ここにあるロボット科学という言葉は著者の造語なので、**ロボット工学**（Robotics）・情報科学・認知科学・脳科学などが混在した領域としておきましょう。

## ヒトを理解する道具、ロボット

私はここで心理学の歴史について話しました。簡単にまとめると、ヒトは20世紀の後半から漸く自分の脳の謎を解明する方向に進んでいるということです。そして、認知科学はヒトの脳が**知覚**、**認識**、**記憶**、**思考**、**学習**、**推論**、**問題解決**などの**高次の認知機能**をもつことを定めたのです。

ロボットの心の話に戻りましょう。ヒトの高度な認知機能の謎を探ることがヒトの心の謎を解くことに向かい、それが結果的にロボットの心を定めることになる。著者はヒトの心を実現しているのはヒトがほぼ同等の精神の基盤、すなわち精神の仕組みをもっているからだと考えました。すなわち、ある特徴をもったプログラムがヒトの内部にあると考えるのです。しかし、それについては色々な意見があります。

まず完全に否定するグループの意見を聞きましょう。彼らはいいます「そのような物はない！」と。

「あるのかないのか」を断定するのは普通かなり難しいように思います。彼らの主張をよく聞くと、「心にあたる**物質**が存在するのか、しないのか?」という意味を考えているようなのです。要するに「心が物質なら、それはどのような**分子**（Molecule）であるのか、どのような**元素**（Element）によってできているのか?」と彼らは尋ねているのです。

このような考えの基本にあるのは「**唯物論**（Materialism）」です。この世にあるすべての元は物質とそれから生じる現象であると考えているのです。すなわち元素の集合がその基本にあるという考え方です。例えば、酸素と炭素の元素が結合することによって二酸化炭素が作られます。

科学的な手法の基本は、すべてのものを粉々にすりつぶして分解し、その内容を定めます。このやり方は**還元主義**（Reductionism）と呼ばれます。脳であれば、まず脳細胞、続いて分子、最後は原子と還元されることになります。

だからこのグループは心が何らかの現象であると認めても、その現象を生み出している物質が特定されないなら、心を認めない。すなわち「心などない」という断言につながっているのです。

もちろん未来に心の物質が発見されることがあるかもしれませんが、いまのところ**元素周期律表**（Periodic table）の中に架空の心の元素、**マインドプラズム**（Mindplasm）Mp、が入り込む余地はなさそうです。なぜなら、周期律表にある元素は、**エネルギー規則**のなかで秩序正しく整列しているのであって、数学的・物理的に揺るぎのない美しい配置となっているからです。

私は先に、ヒトの精神の仕組みとしてプログラムがあると仮定しました。ヒトの脳にあるプログラムとは脳神経のネットワークということです。逆にいえば、ヒトの脳が神経細胞のネットワークとなれば、それはプログラムであると断定してもよいと考えます。

このプログラムなるものが物質として定められるのかが大きな問題です。すなわち唯物論でプログラムはどのように位置づけられるのかという問題です。

一つの**アナロジー**（Analogy）として、コンピュータとプログラムを関係で示します。

これはコンピュータのハードウエアとソフトウエアの関係といい換えてもよいです。

たとえば、2つの同一商品としてのコンピュータがあり、それぞれに異なるソフトウエアが動いている。一つは**ワードプロセッサ**（Word processor）でもうひとつが**ビデオビューワー**（Video viewer）であったとします。ヒトはそれぞれのコンピュータが**異なる現象**を示していることがわかります。一台は文章作成機能であって、もう一つはビデオ映像の映写という現象です。入力に対する反応が異なります。すなわち、同じコンピュータであっても異なるソフトウエアが動くとそれぞれが異なる装置になるのです。異なるソフトウエアが異なる現象を提示するのです。

このとき、私がそれぞれのコンピュータを粉砕機でコナゴナに分解し、それぞれを**元素分析器**で調査することを考えてみましょう。そこには2台の現象が異なるコンピュータがまったく同じ物質でできていると結論することになります。

すなわち、2台のコンピュータは同一となります。

これはプログラム、あるいはソフトウエアが従来の唯物論という尺度ではその存在の識別が困難であることを意味します。

## 情報は物質か？

コンピュータが出現したとき、世の中を構成する主要な要素は「**物質**（Material）・**エネルギー**（Energy）」に新たに「**情報**（Information）」が加わった、と呼ばれました。

しかし、「物質・エネルギー」という2項目は唯物論で統一的に説明が可能であるけれども、「情報」すなわちプログラムが唯物論では効果的に説明ができないのです。

また、現在では物質とエネルギーは物理的に同じもの、という考えがふつうです。なぜなら物質とエネルギーは変換が可能だからです。

いわゆる、**アインシュタイン**（Albert Einstein, 1879-1955）が定めた「エネルギーは**光速**の二乗に質量を掛け合わせたものに比例している」が定説となっているからです。

しかし、物質と情報を変換する式はまだないのです。

これが、「心が存在する・しない」という混乱の元となっているのです。

この混乱を収拾するためには、私は唯物論をもう少し広く解釈できたらよいと思っています。

たとえば、同一の物質上にインストールされた異なるプログラムは「異なる物質である」と。これは無謀な話であると読者は思うでしょうけど、このように踏み出してみないと「存在する・しない」の議論が続き、有益な次の一歩を踏み出すことができないと思うのです。

もしこれが認められるならば、「物質に現象がある」ということばを躊躇せずに使うことができ、「心がある」ことを明確にいえることになります。

現代の多くの研究者は「意識や心は単なる**イルージョン**（Illusion）である」と主張します。ここでいうイリュージョンとは「**幻影**」のことであり、実体のない「影」から生じる現象というような意味だろうと推測します。すなわち存在しない物質から生じる現象でしょう。

しかし「意識や心は単なるイルージョンである」というその主張から、科学者は「なぜイルージョンが存在するのか」、「そのような現象がどうして生じるのか」という問いを生み出さなければならないでしょう。科学的探究がそこで停止するわけではないのですから。

私が目指しているのは、この点、すなわち情報を新たな唯物論に組み入れた上で「物質からなぜ意識や心が生まれているのか?」の理解なのです。

このような考え方を理解して初めて「**ロボットの心**」が話し始められるのです。

## 意識のプログラム?

さてここからまた大問題が始まるのです。

すなわち、「意識や心のプログラムとはどのようなものか?」という問題です。

物質そのものが現象を生み出している例があります。**ラジウム**(Ra)などの放射性物質です。ラジウムという物質がエネルギーを放射しているのです。このエネルギーは情報ではなく、物質と考えるのがふつうです。なぜなら、水面の上を波紋が広がる例で考えれば、波紋が情報であって、水が物質となりますから。

心の物質Mpが何らかの現象を生み出すのであれば、それが心の元となるわけです。しかしMpの存在はいまのところ却下されますので心の現象を生み出している他の仕組みを考慮しなければならないでしょう。還元主義が徹底した先に各種原子が発見されたけれど、そこにはMpが発見できなかったのです。

それであれば、心や意識の現象を生み出す仕組みを発見するために、還元の考え方を逆に遡ってみることが次のステップです。これを「**ゲシュタルト**(Gestalt)」と呼びます。原子がいくつか集まって分子となり、また分子が組み合わさって脳細胞となり、さらに脳細胞が組み合わさって脳となります。また、分子が組み合わさって身体細胞となり、それが組み合わさって身体を構成します。最後に脳と身体が組み合わさって生命をもつ身体となります。

一体どこまで還元を遡れば「意識や心」の現象を生み出す仕組みに出会うのでしょうか？　これらのどこかにその仕組みがあるのでしょうか？

どこかにあるはずです。将来には修正がなされるかもしれないけど、いまの科学で迫れるところは迫る必要があります。もしそれができれば、ヒトの意識や心の仕組みを知る第一歩となるでしょう。

脳科学から考えれば、脳には1000億個の脳細胞があり、その脳細胞がお互いに連絡をしていることがわかっている。一つの細胞からおよそ10000箇所への連絡があるという。また一つの脳細胞には**樹状突起**（Dendrite）という複数の入力端子と一つの**軸索**（Axon）と呼ばれる出力端子がある。すなわち一つの出力が10000箇所へ信号を送っているのです。簡単にいえば脳細胞は入出力端子をもつ処理ユニットです。

ここから、二つの考え方が生まれました。一つは脳細胞に「意識や心」を生み出している特殊な機能があると推定するグループと脳細胞のネットワークがその機能を生み出していると推定するグループである。後者についてはすでにコネクショニズムとして紹介しました。

前者は脳細胞の一部に**量子力学**（Quantum mechanism）を適用し時間的・空間的に1000億個の脳細胞の**統合的**（integrated）な機能を説明しようと試みています。これは一般的に**量子意識**（Quantum consciousness）と呼ばれます。なぜ量子力学と意識が関係あるかと読者は訝るかもしれません。これは還元主義と関連があります。還元主義を徹底すると、元素がさらに原子、電子などのさらに細かい物質に分解されます。しかし、あまりにもそれらが微小化してしまうと、それらの存在自体が明確に捉えられなくなります。例えば、物理的な位置の観測が不可能になるのです。これは**不確定性原理**（The uncertainty principle）と呼ばれます。そのため量子力学ではその不確定性を**確率理論**（Probability theory）によって表現しました。これは、いままでの**ニュートン力学**（Newtonian mechanics）による空間・時間を**決定論**（Determinism）として捉える考え方を物質の微細な研究領域では改め新たに確率的によって存在を確定する量子力学で確立したのです。

このときの状況が「アインシュタインと**ボーア**（NielsH. D. Bohr, 1885-1692）の論争」として語り継がれています。そして、アインシュタインの**決定論**が敗れたのでした。

原子や電子などに意識や心の出立を求めるのであれば、そしてそれらに決定論的な断定が難しいのであれば、その解決を量子力学に求めようとする研究の方向性は当然ありえる話です。しかしながら、脳の機能を量子力学として説明することができたとしても、それは単なる数学的な説明であり、その説明が今後重要であることを認めたとしても、脳の何らかの物理的な事実がその理論の基盤を支えるようになっている必要があります。

そのように考えたときに、脳のなかに量子力学が物理的に機能しているという事実はまだ十分あるとはいえないと思います。

## 脳の神経ネットワークが心のすべてを生み出している?

いま読者は、還元主義を逆に辿って、いよいよ脳細胞のネットワークが意識や心を生み出しているという考え方に到着しました。

要するに、意識や心のプログラムについて言及できるところまできました。「脳細胞のネットワーク」がプログラムであると断定するのは跳躍があるように皆さん感じるかもしれません。

しかし、ネットワークに何らかの入力を与えれば入力値が何らかの変化を受け出力として与えられるということから、ネットワークは何らかのプログラムであると考えてもよさそうです。ネットワークの状態が再現されれば、入力値に対して出力値が決定するので、これはプログラムそのものといえます。そうであるなら、「意識や心」とはヒトが受けた刺激に対して処理して行動として返すプログラムであると解釈できます。

ヒトは入力刺激に対し、**脳細胞ネットワーク**がそれを処理して、そして出力として行動を生み出すわけです。これはロボットとまるで同じです。ロボットのセンサに刺激が与えられ、コンピュータによってその値を処理して、その結果をロボットのモータに伝える。それによってロボットは動くわけです。何が違うのでしょうか？

そうするとコンピュータにはすでに意識や心が存在していることになります。しかし、これには疑問があるのです。なぜなら、コンピュータの仕組みは脳科学の知識からヒトの脳の仕組みと異なるといえるからです。

例えば、コンピュータと比較してヒトの脳は次の点が異なっています。

(1)「自分が行っている行動がわかっている（**自覚**）」

(2)「次の行動を予期している（**予期**（expectation））」

(3)「感覚がある（**感覚**）」

(4)「感情をもつ（**感情**）」

これらをB機能といいましょう。

しかし、同じような機能を見出すこともできます。例えば、

(あ) 記憶ができる

(い) 推論ができる

(う) 行動を実施できる

(え) 判断・決定ができる

これらをC機能といいましょう。

この比較をする限り、すでにコンピュータはヒトの脳の機能の多くを実現しているといえます。

著者が目指すのは、BとCの機能をすべてニューラルネットワークを用いて統一的に構成されたプログラムによってコンピュータ上に実現することです。これを意識プログラムと呼ぶのです。そして、このプログラムがコンピュータで動けば、刺激に対してヒトの意識に似た行動、すなわち反応を起こすことを期待しているのです。

この刺激から行動を作り出すプログラムが如何なるものであるのかが、これからの議論になります。

# 第4章

# 言葉に感情的に反応するロボットを作る

## —インターネット情報から感情と意識を計算する—

CHAPTER 4

意識というと「**言葉**（Word）」との関連を第一に考える人がいます。その人たちは「**はじめに言葉ありき**」、すなわち「第一に言葉があって、それから意識が生まれている」という考えをもっています。それは、先に述べていますが、私たちが動物とは異なる存在としての人として、言葉をもつという優位性から生じていると説明できます。

この考え方は、自らの思考を自分で観察するとよくわかります。これを**内省**（Introspection）といいます。自分でやっていることを自分で観察し、自分で分析することです。このやり方は、科学的根拠がないとされ、いままで研究対象から排除されてきました。しかし、ウイーンのフロイトの精神分析学では、患者と医師との会話から患者自身の精神的な状態を分析に利用して、患者の精神的な状態の改善に役立ってきている事実も無視できません。

## 初めに言葉があった

フロイトは学生時代にヒト脳の研究を目指していましたが、その当時利用できる脳そのものを研究するための装置がまったくなかったことから、その研究を中断して、生きていくために会話を中心とした**精神分析の病院**を始めたのだそうです（**図4-1**）。

フロイトの手法は、その後**ユング**（Carl Gustav Jung, 1875-1961）に引き継がれ、現代に到っては**ガ**

図4-1　フロイトのカリカチュア

**ダマー**（Hans-Georg Gadamer, 1900-2002）が有名です。言葉による会話を利用したヒト精神の分析は脳そのものの分析を目指した脳科学よりも先立つ脳の機能を探る一つの重要な手法であったのです。

脳科学は確かに脳に関わる重要な事実を科学的に明らかにしてきました。脳は左右二つの部分からできており、左脳が右脳に比べて優位にある事実。それは**脳梗塞**などの脳の疾患からわかります。右脳に比べて左脳のダメージはヒトの身体に対してより重篤な結果を生み出すからです。左脳には言葉を司る部分があること。すなわち言葉を話すことや、物事を理解する大部分が左脳にあるのです。左右の目に与えられた視覚の情報は、脳の内部で交差して、その情報は左右の脳のそれぞれにある脳のもっとも後方

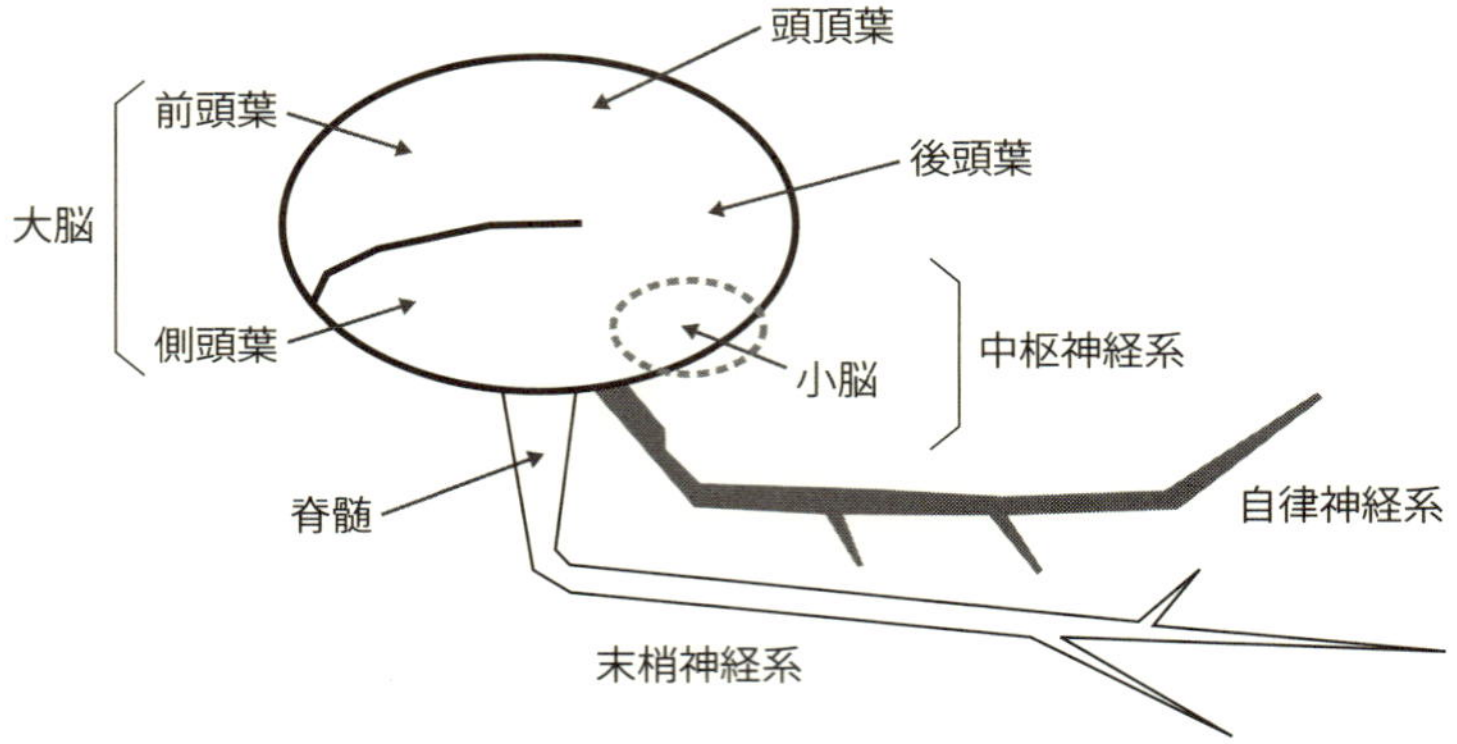


図4-2　脳と神経網

の部分に到達すること。

その情報は2手に大きく分かれます。一つは脳の側面に伝達され、もう一つは脳の頂上の方向に送られています。また、身体から送られてきた情報は脊髄を通過して脳の中心部に至り、その後左右の脳に送られていきます。また、脳の側面、側頭葉、は**長期記憶**に関連します。また脳の中心部はヒトの感情に関わりがあります。これらの知見は脳科学の進歩によってわかってきたのです（**図4-2**）。

しかし、脳科学は物理・化学的な機能の分析については得意ですが、その機能がいかなるヒトの**主観的な感覚**と結びついているのかという問題は、いまだ不明といえます。

客観的な事実と、主観的な内容をどのように結びつけたらよいのでしょうか？

棘を刺すと酷い痛みを感じます。そして棘による刺激がヒトの体内をいかなる情報経路を伝わって流れているのかについては最近わかってきています。しかし、その情報の流れがどうして痛みを感じることになるのかという主観的な感覚の疑問はいまだ解けていません。これを解決するのには、主観と客観の結びつけを説明する必要があります。これは、最終的に主観的な現象である「痛み」が**クオリアの問題**として議論されることになりますが、ここでは私はこの問題を一時的に棚に上げておこうと思います。それでは、解決になっていないと専門の先生方は厳しく叱責をするでしょうが、しばらく話をお聞きください。

先の内省に戻りましょう。すなわち自らの思考を自分で観察する作業をしてみましょう。

私の意識ってどのようなことでしょうか?

先ず重要なのが「**思考**」のことです。

私はいま「考えて」います。

ここからが主観的な感覚による報告になります。

「思考」しているときは頭のなかで「言葉」が飛び交っているように感じます。「ああでもない、こうでもない」というように独り言の連鎖が起きているように感じます。それは口から音声が発せられるわけではないけれども、実際の発声の直前に脳内で生じる内的な言葉ともいえる現象を感じます。この言葉を哲学者や心理学者は「**内言**(Inner speach)」といっています。内言はおそらくヒトの脳内に記憶している「**概念**(Concept)」が次々と想起していると考えるのが定説と思います。そしてその**概念の連鎖**は、しゃべる言葉のように文法をもっているようにも思えます。なぜなら、内言といえども論理的な思考の場合には「ああだから、こうだから」というように、文法的にもしっかり構成されているように思えるからです。すなわち思考とは、内言による**論理的な会話**といえるでしょう。

例えば、鶏の卵を料理しようと冷蔵庫を開けて鶏卵のケースを見る。すると、その**賞味期限**は過ぎていました。内言はつぶやきます。「この鶏卵はオムレツにして食べられるだろうか。食べられるかもしれないな。しかし無理して食べると、下痢をして体調を崩すかも知れない」というように。

面白いことに、この内言は口から実際に発声しても不思議な点はないと思われます。

もう少し突っ込んでいうならば、普通ヒトは内言を発声しないように止めているかのように感じます。要するにヒトが「発声を意識的に行っている」ことは、いい方を変えて表現するのであれば「内言の発声を意識的に止めている」という表現もあり得ると思えます。ヒトがどのように会話を進めているのかについては大変興味がありますが、これ以上この話を広げるのを止めておきましょう。

## ヒトは感情的でもある

さて、意識とはどういうことか？　が今回のお話のテーマでした。

次の重要なことは「**感情**」です。

ヒトは**感情的な行動**をします。**怒ったり、悲しんだり、喜んだり、嫌ったり、驚いたり、恐怖を感じ**

**たり**します。英語ではそれぞれAnger, Sadness, Happiness, Disgust, Surprise, Fearという言葉が対応します。これはアメリカの**顔表情**の研究者である**エックマン**（Paul Ekman）がヒト感情の基本として**五つの感情**を提案していて、それがほぼ現在の定説となっています。一般的にこのとき「驚き」は基本から除かれる。したがって、この5感情がヒトの基本的な感情と考えられることになります。これらの五つの言葉を基本の**感性語**と呼びます。もちろんこれ以外の感性語もあります。例えば、Dirty（汚い）、Beautiful（美しい）などです。ほぼ形容詞にあたります。

ヒトはこの感情を自分の身体、とくに顔に表して自己のもつ感情の表現をします。ヒトは他人の感情を直接に自己の顔に表すことがほとんどありません。このときは「Aさんが怒っていたよ」というように言葉でまず表現しておいて、「その怒りの表情を表します」。要するに**感情の表現**とは自己の**精神的状態**に直接関わる事象なのです。

このヒトの感情とその表情という問題は、意外に奥の深い話となります。

まず、第一の問題は、ヒトの感情がなぜにこの5感情に整理されるのかです。

他の大学の友人にこの疑問をぶつけたら「本に書いてあるから」との答えでした。これは答えになっていないですね。

もちろん、この整理も多少の異論があることは確かです。ですが、いまは定説であるならば、多くのヒトが了解していることを意味しています。さらに、もう一歩を進めるならばヒトの感情というまさに主観的な事項を5種類に分離して説明しているのですから不思議です。ヒトの相互の感情という部分をどのように整理したのかという疑問です。

おそらくは、ヒトの顔表情の分類から始めたのではないかと思います。これなら、少しは可能性がありそうです。見て、決めればよいのですから。やりやすい。

たとえば、この顔は「悲しみ」を表しているが、この顔は「怒っている」のだ、という風に、です。でもそれにも、本当は議論があります。要するにこの分類も主観的な判断が利用されているからです。他人の顔の表情をどのようにしてそのヒトの主観的な感覚と結びつけたのかという問題です。

唯一確実な方法とは、自分の怒っている状態を自分で認識し、そのときの顔の表情を鏡で観察することでしょう。このやり方は二つの大きな問題があります。一つは**鏡像認知の問題**で、もう一つは物理学でいう、不確定性原理に似た問題です。

鏡像認知の問題とは、鏡に映った像がなぜ自分の像であると認識できるかという問題ですが、いまだ解明が進んでいません。この問題については筆者の見解がありますが、それは次章で述べましょう。

不確定性の問題とは、対象物を観測しているときに起きる正確な観測が不可能であるという問題です。

たとえば、**電子顕微鏡**で極小な世界をあなたは観測していると考えてみてください。電子顕微鏡とは、普通の顕微鏡が太陽光や電球発光から得た光を対象物にあてて観測しているに比べて、太陽光の代わりに**電子エネルギー**（電磁波）を対象物にあてて観測しています。そのとき、その観測物が原子や電子である場合には、それらの対象物が電子エネルギーの照射によってその対象物の位置がずれてしまう現象が起きます。見ようとして電子エネルギーを照射すると、照射された物質は何処かに移動してしまうのです。

これでは、対象物の観測ができませんね。これによく似た問題が、自分の顔表情を観測する場合に生じるのです。

要するに、自分が怒っていると認識し、自分の顔を観測しようと鏡を覗き込むことになります。しかし、鏡で見ている顔はすでに怒りの表情であるよりも、観測しようとしている顔の表情へと変化してしまっています。怒っているときのその瞬間の顔は観測できないわけです。

いやいや、その時鏡を見ようとするからその問題が起きるのだから、ビデオにでも撮影して後ほど分析すればいいのだと主張するヒトもいます。しかし、この場合もやはり自分が怒っている主観的なその瞬間が何時なのかを定めることができないのです。本質的な解決がないのです。

さあ困りました。顔表情と感情を結びつけることは本質的に大変困難であることがわかりました。先に紹介したエックマン教授も世界中を旅して周り多くの観測を通じて一定の条件を導き出したといわれています。したがって、これは「本に書いてあるから」という主張と同レベルのお話となってしまいますが、そこを信じて話を先に進めていきましょう。

図4-3　ゲーデルのカリカチュア

科学というものをあまりにも厳格に考えてしまうと、一歩も先に進むことができなくなります。ヒトの進歩というものを振り返ってみても厳格な科学の適用であるよりも、多くのヒトの賛同を得ているという観点から科学を進めている事例がほとんどではないかと思います。科学を厳密に進めていこうとする考え方は、数学やコンピュータの進歩・発達から生じた現代的な考え方であって、科学的な進歩をデッドロックさせる要因になっているのでは、とも考えることがあります。

簡単にいえば、科学といえどもまだ発展の途中であって、現代の科学はまだ多くの問題を解明できておらず、解明できているというものでも実はまだ正しい答えであるかは確かではない、ということです。

例えば厳密な科学的といわれている数学ですら、不完全であることが証明されています。これは**ゲーデル**(Kurt Gödel, 1906-1978)の**不完全性の定理**(Incompleteness theorems)として有名です(**図4-3**)。あるいは、厳密な数学の原理に基づいて作られているコンピュータでも解くことが不可能な問題がヒトによって解かれるという場合もあるのです。

したがって、顔表情と感情の問題も多くのヒトによって了解されている観点で進めていくのです。そうでなければ、この話はここで終わりにしなければならないのです。

さて顔表情の研究は進化論で有名な**ダーウィン**(Charles Robert Darwin, 1809-1882)も興味をもっていました。それによると、犬の怒りの表情はヒトの怒りの表情で使われている顔の筋肉(表情筋)とほぼ同一である、そうです。犬の「怒りの感情」をどのように考えるのかという疑問が残りますが、犬が不審者に対して示す激しい攻撃の構えをするときの顔は怒りの表情と解釈してよさそうです。ヒトの顔表情は、顔の表皮を頭部に配置された幾つかの筋肉(表情筋)が緊張することで実現しているそうですが、犬の怒りの顔で使われる表情筋がヒトの怒りの場合で使われる表情筋とほぼ同一であるのだそうです。

この事実は、ヒトと犬の感情に関わる表情の類似性を主張していると考えられます。そうすると、犬も5感情—怒ったり、悲しんだり、喜んだり、嫌ったり、恐怖—をヒトと同様に感じているのでしょうか? 犬が喜んでいることが本当にわかるのでしょうか? ヒトとの対応において、犬が喜んでいること

図4-4　猫の不機嫌？

を私たちは感じていることも確かですが。それが正しい判断であるのか疑問が残ります。

さて、感情もその表情の研究も科学的な根拠を示そうとするとほとんどなく、途方にくれるばかりとなりますね（**図4-4**）。

感情やその顔表情の研究には科学的根拠がないという批判はよくわかりますが、批判しているばかりでは何も新しい進展が起きないことも事実でしょう。

科学的な根拠を明らかにして先に進むというのが人類の進歩を確実に進める道であることは確かですが、あまりにもこの原理を厳密に主張すると、身動きの取れない状態に陥ることも事実でしょう。

私の私的な意見では、もちろん私は科学者としてこの原理を厳密にするべきとの考えがありますが、その反面、現在の科学がまだ発展途上であることを考慮して**ヒトの創造力**（Creativeness）を大切にするべきとも考えているのです。

とくに、研究対象が未知の分野であれば、ヒトの創造力を駆使して先に進めなければならないでしょう。ヒトは物理・化学・情報科学の分野においてコンピュータの計算力を利用して大きな成果を上げています。しかし、まだまだ**未知の分野**（Unknown World）が広大に広がっていることを忘れてはいけません。そのとき、現状の**行き詰まり**（Deadlock）を**打ち破る**（Break through）のはヒトの創造力です。とくに科学者は創造力という、これも**未知の力**ですが、未知の世界を新たに開拓していく役割があることを忘れてはなりません。

感情やその顔表情の研究は、間違いなく未知の世界を開拓しているといえるのです。

おそらく、厳密な科学の原理を適用するのならば、これらの研究は「科学的な価値のない」との烙印を押されることになるのでしょう。しかし、ヒトの感情は5感情に分類されるという研究成果が、異論があるものの多くのヒトの支持を受けている事実も明らかでしょう。そうであるのならば、人々の多数の意見という根拠から、ヒトの感情は5感情あると決めて研究を先に進めてみるという研究の道があると思います。この5種に「驚き」の表情を加えて、ヒトの基本6表情とも呼びます。

研究が多数決で決まるのか？という批判がすぐ起きそうですが、これも未知の研究に対するやり方であると思います。しかし、この研究が将来現実世界と大きくかけ離れてきた場合は、もう一度再検討をする必要を認めなければならないでしょう。

## 言葉から感情が生まれる?

さてそろそろ、この章のテーマである、言葉に対し感情的に反応するロボット、という本題に戻りましょう。

先にも述べましたが、私はヒトの意識のようなものを、コンピュータのプログラムで実現する研究に興味をもっています。

そのとき、二つの手法を思いつきました。

一つは、「言葉と感情」を結びつけること。

もう一つは「意識の核」になるプログラムを作ること。

そして、この二つは将来一つのプログラムに統合すること。

それでは、第一の「言葉と感情」について述べましょう。第二は以降の章で述べることにしましょう。

さて、「言葉」ですが、私たちは言葉を使います。それはわかっていますが、どうしてなのかという疑問があります。

先ほど「はじめに言葉ありき」という謎めいたことをいいました。これはキリスト教の聖書(新約ヨハネ書）に書かれている文章です。聖書では、初めから言葉があったと定めているのです。もちろん聖書は宗教書ですから科学的な根拠を求めることが困難です。しかし、人間の捉え方としては示唆に富んでいるとも推測できます。

私たちヒトには言葉による会話が非常に重要な機能となっていることは読者の皆さんもよくわかっているでしょう。もし、言葉による会話がなければ私たちの生活はたちどころに大きな制限を受けてしまいます。すなわち、言葉はヒトにとって極めて重要です。

その例で有名な話は「**ヘレン・ケラー**（Hellen A. Keller, 1880-1968）」の物語でしょう。

彼女はアメリカ、アラバマ州で生まれ2歳のときに原因不明の高熱により視力と聴力を失いました。彼女が聴力と視力を失ったということは、話すことも困難となってしまったことを意味します。普通は聴力を失うと、話すことが困難になってしまいます。それは、もちろん話すことの基本は聴くことから始まるからです。彼女が2歳で障害を受けたことは脳科学の研究者によっても大変重要な問題です。ヒトは通常2歳頃から自己意識を発達させるとの研究報告があるからです。彼女はヒトの発達において非常に重要な時期である2歳に障害を生み出した病気に罹ってしまったのです。自己意識とは「自己」を「他者」から区別して、「自分」というものを確立することです。ここで「自己」や「自分」という言葉を使い分けましたが、私の考え方では「自己」とは身体を除く自分の一部であって、「自分」とは、自己と身体を合わせた概念であると考えています。すなわち、自己意識の獲得は社会性を発達させる大事な第一歩と考えられるのです。母親や友人という概念はこの時期から発達が顕著になるのです。

彼女はこのとき重大な障害を背負ってしまったのです。**聞こえない、見えない、話せない**という**3重の困難**でした。このまま放置すると彼女の精神的な発達に**重大な障害**となることは容易に予想されました。

7歳の頃、両親の依頼によってマサチューセッツ州の**盲学校**から**アン・サリバン**（Anne Sullivan, 1866-1936）という女性の家庭教師が来訪し、**指文字**（Finger spelling）という手段によってヘレンの3重の障害を克服するという大きな成功を収めることになったのです。この大きな成功は「**奇跡の人**（The Miracle Worker）」という映画で有名ですので、読者の皆さんはすでにご存知であるかもしれませんね。

指文字とは、非常に多くの種類があるようですが、残っている映像から片手の手の平と指を使ったコンパクトな内容のようです。基本的には手や指の形態を使ってアルファベットを表現しています。水であれば「ＷＡＴＥＲ」という5文字を手の指の形態の変化によって表すのです。ヘレン・ケラーはアメリカ人ですから英語のアルファベットで表現しています。日本人であれば、同じくアルファベットによるローマ字の表現となります。日本の指文字はアメリカの指文字から学びました。ヘレンの家庭教師であるサリバン先生は、ヘレンが視覚力も失っていることから、指文字を利用したのでしょう。読者の皆さんは電車やバスの中で独特の手振りで他のヒトとのコミュニケーションをしている方たちを見たことがあると思います。言葉を発せず、手振りで話をしているのです。この手振りは**手話**（Sign language）というものです。

ヘレン・ケラーの指文字も手話も言葉ということとまったく係わり合いがないように思えますが、実は指文字で綴られた「water」はまぎれもない言葉と同じように機能します。指文字は決して発声される言葉ではありませんが、「ＷＡＴＥＲ」と綴られた指文字は、言葉として発声された「water」と同じ効果をもちます。そして、ヘレン・ケラーは家の外にある井戸からくみ上げた水に手で触れた瞬間に「water」と大きな声を上げたという逸話があります。この感動的な話は映画の中でも紹介されています。

ヘレン・ケラーは聴力を失っていましたので、口から言葉を発声することが非常に困難でしたが、おそらく、指文字のアルファベットと音声の発生についてすでに幾つかの**発声訓練**をしていたことがこのとき功を奏したのではと推定します。

ヘレン・ケラーは心のなかではすでにコップに入った「水」と「指文字のwater」という英文字を訓練のなかで結びつけていて、家の外で井戸の水がヘレン・ケラーの手に降り注いだときに、それはコップの水と同じであることを感じて、それを「水である」と確信し、これを「water」という文字列に置き換えて、その発声に成功したのでしょう。

私はここまで、言葉とヒトの意識に関わる重要と思われるいくつかのエピソードを書きました。そろそろそろ私の研究をお話しようと思います。

私はこれらのエピソードと同じくヒトの意識と言葉には強い関連があると思いました。私が書いている文字、話している言葉は私の意識によって生じていることと感じます。文字を書くということや、口から言葉を発することは意識的でなければできません。意識的とは私が文字を書くときや口から言葉を発するときは、私がそのことに**気づいている**という特徴があります。意識しないで文字を書くことや言葉を発するという行動は、**催眠術や神がかり神事**というような特殊な場合のみでよくいわれる現象ですが、これについては興味はありますが、いまのところ特殊な例として除外しましょう。

書くこと、話すことは意識的に行っているということです。そして書くことや話すことの中心に言葉があるのです。要するにヒトは頭に浮かぶ言葉を紙に書き、頭に浮かぶ言葉を口から発しているのです。ここで重要なのは「**頭に浮かぶ言葉**」です。いや、私は言葉が頭に浮かんでから話をしたりしないと主張する読者もいるかもしれません。しかし、そのような場合もあると認めたうえで、それでもヒトは発言する前にいくつかの脳でのプロセスが感じられるのは私だけでしょうか。それは、「この言葉を発して本当によいのだろうか」という逡巡があることです。その現象に私は気づきます。

要するに、ヒトの意識が「言葉が重要な位置を占めている」といっていた、先人たちの考え方はよく理解できるのです。

## 言葉を話す機械？

私はこのとき、素直にもし「言葉」が次々と出力されてくる機械、現代では計算機です、があれば「機械によってヒトの意識のようなもの」を作ることができるかも知れないと考えたのです。

しかし、このアイデアはそれほど見栄えのする内容ではありません。なぜなら、もしそうであるならば、すでに計算機はヒトのような意識をもっていることになるからです。計算機でプログラムを作っているプログラマーは、計算機にプログラムという言葉を入力し、そのとき計算機から言葉が自動的にプログラマーに出力されます。これはプログラマーが計算機と言葉を介して、ヒト同士が会話していることとアナロジーを感じます。このときプログラマーはもちろん意識的に言葉を計算機に入力しているのです。また計算機は、その入力した言葉に反応して計算機の言葉を出力してプログラマーにその気持ちを伝えます。

これはまさに計算機とヒトの**知的な会話**といえます。そして、計算機はヒトの言葉に反応して回答するわけですので、計算機はすでに意識をもっていると考えることもできるのです。

実際、「計算機は意識をすでにもっている」と主張する科学者がいます。私はこの考えに疑問をもっている一人です。

それは、ヒトの意識に関する哲学者、心理学者、脳科学者が示している考察が「計算機が意識をもつ」という主張を裏づけていないからです。要するに、計算機が言葉を出力しているその計算機での内部処理は「ヒトの意識という現象」の一部でも説明できる部分がないからなのです。

読者のみなさんも、計算機には意識があるとは考えてはいないと思います。それは計算機から出力されてくる言葉がヒトに話しかけて会話をすることとは随分違うからでしょう。話題は非常に限られていますし、感情的な言葉がほとんど使われていませんから。例えば計算機は「あなたのプログラムには決定的なエラーがあります」というけれど、「あなたの話し方は素敵です、もっとお話をしましょう」とはいいません。

もちろん、計算機はプログラムによってこのような言葉を出力するようにできるけれども、計算機の気持ちがこのような言葉を自然に作りだしたとはまだ説明することは困難でしょう。

すなわち、「計算機の気持ち」というのはまさに「計算機の心」というべきですが、まだプログラムとしてこれはどのように作ればよいのかについては、多くの科学者が挑戦していますが、まだ明確な答えはないのです。

私たちが計算機の心をプログラムで作ることができれば、この問題は解決するのでしょう。

これはもちろん、前の章でもお話ししたように、「心などない、単なる**錯覚**である」とか「心の実体がある」という激しく対立する議論があって、簡単ではないのです。

これらの議論をある程度吸収できる考え方が「**心のプログラム**（Mind program）」です。心がプログラムでできているならば、「心などない」ともいえます。なぜなら、プログラムが機械上で機能すると心のような現象を生み出すわけですから、「プログラムそのものは心ではない」ことになります。また、心がプログラムとしてできているのならば、「心の実体がある」ともいえます。なぜなら、心とはプログラムという現象を生み出す実体があるのですから。

さて、私はここでヒトの心や意識の中心に「言葉」があるとして先へ研究を進めることにします。それは、ロボットに心のプログラムを作って実際にロボットを動かしてみることです。ロボットがヒトの心や意識のような現象を生み出せば一応の前進となります。

そうなると、私は行動主義の立場になっているという読者は考えるでしょう。しかし私は「何がどうなっていようが心があるように見えればよい」と考えている行動主義とは異なります。どこが異なるのかといえば、その心のプログラムが、哲学者、心理学者あるいは脳科学者の研究の成果のほとんどを説明可能としているような心のプログラム、を作ろうとしている点が異なります。

## 心のプログラムとは？

そのように考えたとき、私は「ロボットの心のプログラム」が備えているべき基本的な特徴を考えました。

その特徴とは、

(1) ヒトが使う言葉のほとんどをロボットは利用できる。

(2) 言葉同士の関連性が計算できて、それを利用できる。

(3) 言葉の意味を計算できて、それを利用できる。

これらがあれば、一つの言葉から、関連のある文章を自分で作り、それらを自分以外のヒトを含む他者に発してコミュニケーションを始めることができそうです。そして、その文章には言葉の意味から作る感情を利用してコミュニケーションに利用することができます。例えば、ロボットの顔表情にその感情を反映させることができそうです。また、話しかけられたときにも、その文章の意味を分析し、次の発話につなげることもできそうです。

自分の感覚から推測するに、ヒトは自己の心情を披露するために文章を作成する場合にほとんど**潜在意識**（Sub-consciousness）が機能しています。しかし発話するときはまず内言で**リハーサル**（Rehearsal）を意識的に、**顕在意識**（explicit consciousness）として、実施しその内容を評価します。そして、その評価に基づき意識的に発話をしていると感じられます。潜在意識や顕在意識という言葉は後ほど説明しましょう。ここでは「潜在」とは〝自分では気がつかない、感じない〟と簡単にいっておきます。「顕在」とはそれに対応する言葉で〝気づく、感じる〟という意味とします。少なくとも、ヒトは発話の文章作成は自分では気づかず、内言や発話ではそれを気づいていると考えられます。

ここで私がいいたいことは、先の基本的特徴をもつプログラムを作れば、それはヒトの心に類似したコミュニケーションに利用できるということです。さて、このような特徴をもつプログラムをどのように作ればよいのでしょうか？ このような条件を満足する情報をもつ場所とはどこでしょうか？

それは**インターネット**（Internet）ではないでしょうか。いまやインターネットは世界最大の情報を蓄えています。その情報を利用しない手はない。そこにあるのは世界中の人々の作った**Webページ**（Web Page）であって、そこには様々な言葉で記入された無数の文章があるのです。

Ｗｅｂページの文章に利用されている言葉をコンピュータで抽出すれば、ヒトが利用している言葉の大半が手に入るはずです。すなわち英語のＷｅｂページのすべての文章から言葉を拾い上げれば、ヒトが使っている言葉のすべてが手に入るでしょう。

これで、特徴の(1)は満足できますね。それでは、特徴の(2)はどうしましょうか？ Ｗｅｂページの文章は、ふつう一人のヒトが書いているのでしょう。Ｗｅｂページの全体としては複数のヒトが力を合わせて文章を書いているのでしょうが、ふつう一つの文章を多数のヒトが書くことが難しいでしょう。そうでしたら、完全ではないですが、一つの文章は一人のヒトがある意図をもって意識的に書いていると考えてもよいのではと思います。

そこで、私はインターネットのあるＷｅｂページの中から一つの文章を取りだしてみて、「そこが多数の言葉でできているのならば、それらの言葉はすべての言葉同士に関係がある」とみなしてよいのではと考えました。要するに、一つの文章を書くには多くの時間が必要であるかもしれないけれども、一つの文章を書くのは意識を集中して書いているのですから、それは実際に時間の経過があるけれども、文章を書く行為の事象そのものは同時に起きているとみなしてよいのではと考えたのです。すなわち、一つの文章を構成するすべての言葉は同時に発生したのであって、言葉生成の同時性を満足するとみなしたのです。これは**共起性の原理**（Principle of co-occurrence）と呼ばれます。それらの言葉がほぼ同時に生成されたのであれば、〝同時に発生したという関連性がある〟と考えたのです。そしてそれらの言葉のそれぞれを**連想語**（Association words）と呼びます。なぜならば、連想性は関連のある言葉が基本になっていると考えられるからです。

これは、ニューラルネットワークの発明者の一人である**ドナルド・ヘッブ**（Donald Olding Hebb, 1904-1985）による「共起性の原理による学習理論」のアナロジーです。アナロジーとは類似という意味です。彼の理論は、ニューラルネットワークの各接続において同時に起きる入力と出力の値を結びつけることができる理論です。

このように考えれば、特徴の(2)も満足できることになります。最後の特徴である、**言葉の意味**を計算するにはどうすればよいのでしょうか？ まず「意味」とは何かを考えねばならないですね。

言葉の意味です。

## 言葉は意味をもっている

例えば、身近な言葉を考えてみましょう。「猫」はどうですか?

「猫」は、**哺乳動物**、小型、4足歩行、鳴き声は「ミャー」、長いひげをもつ、**雑食性**、体毛に覆われている、尻尾をもつ、しなやかな動き、鋭い歯と爪、家畜、**夜行性**、狩りをする。猫の意味とは、これらの言葉を接続すればよさそうです。しかし、これらの言葉は「意味」を表すというよりも、「**特徴**」ともいえます。専門用語でいえば、これは**構造的意味**（Semantic structure）ということになるでしょう。そしてこれらの特徴はインターネットのＷｅｂページに記載されていることが確実でしょう。要するに、インターネットの検索によって「猫の特徴」は導き出せるわけです。したがって、これらの特徴は(2)から計算できるはずです。ですから、「猫の意味」とは「猫の特徴」ということからは異なる観点が必要とされることになります。

ここで、「猫の意味」を「猫の価値、重要性」という観点で考えてみましょう。「意味」という言葉を辞書で調べると、「**内容**」や「**価値**、重要性」という項目があります。

この「内容」とは、先の「特徴」のことも含まれる気がします。しかし、「価値、重要性」とは何でしょうか? これは、ヒトにとっての「価値」や「重要性」のことをいっているわけですから、まあ「**価**

**値観**」ということでしょう。

ここでわかりやすくするために「ヒトの価値観」を「私の価値観」と限定的に考えてみましょう。これは「私にとっての猫の価値」について考えることになります。それは「愛らしい」「癒される」「楽しい」「面白い」「ずるがしこい」などです。これらは「**感情的な意味**（Emotional semantics）」ということでしょう。感情的な意味とは、自分の身体に感じる「感情」といってよいと思います。身体に感じる「感情」とは、いくつかの表現があります。第一に、先ほどの「愛らしい」「癒される」「楽しい」「面白い」「ずるがしこい」などという表現はその一つです。また、「**快**（Pleasant）」「**不快**（Unpleasant）」というものもあります。

先ほど、「喜び」「悲しみ」「怒り」「恐れ」「嫌悪」「驚き」というエックマンの定めたヒトの感じる六つの感情（Feelings）もありました。これらの3種の表現はそれぞれが独立しているものではなく、それぞれ関連があるように思えます。例えば「愛らしい」－「快」－「喜び」はそれぞれ関連していようです。また、「ずるがしこい」－「不快」－「嫌悪」という関連も感じます。ただ、基本感情の中で「驚き」は他との関連性が薄いように思います。「驚き」は単に「快」「不快」という概念には区別できず、時間経過のなかで文脈の流れから発生する特別な感情と考えています。

このような考察によって、先に述べた特徴(3)も計算できそうです。なぜなら、特徴(2)によって、言葉同士の関連性が計算できるのならば、一つの言葉に関連する感情に関わる言葉の分布を計算できることになるからです。先の例では「猫」という単語が「愛らしい」「癒される」「楽しい」「面白い」「ずるがしこい」という単語に関連性があるならば、「猫」という単語には「喜び」や「嫌悪」という基本感情が関わると計算するのです。このような手法は、ひょっとするとインターネットの情報を使って、ヒトが使っているほとんどの言葉の相互の関連性と、その言葉のもつ感情の特徴を抽出することができると私は考えたのです。なぜなら、人工知能におけるある言葉の意味を定めるという研究は、いまのところ基本的にプログラマーが自分の気持ちをプログラムに逐次記入していくという手法が主流となっていて、プログラマーの主観的な値をデータにしているだけですので、これはまさしく科学的なデータとはいい難いのです。

## インターネットの文章を使え！

しかし、このような主観的なデータが全人類の規模で収拾できるならば、これは主観を乗り越えて客観的なデータとして科学的に利用ができるのではないかと考えられるのです。世界中のヒトによって作られているインターネットの膨大なデータを利用することによって、主観的なデータをある程度客観化することができると考えたのです。

そこで私は上記の考察によって、ある言葉の意味をヒトのもつ五つの基本感情に分析してみることにしました。基本感情の分布は、一つの言葉に関連する感情を計算するために、五つの基本感情に関連する**感情因子**を用いて分類する手法を使っています。感情因子は**付録A1**に一部を示します。このようにすれば、「心のプログラム」が備えるべき基本的な特徴をインターネットから抽出できると考えたのです。

次に、私は研究対象とする言葉を英単語としました。それは、国際的な標準語が英語であることと、英語の文章がコンピュータにとって取り扱いが容易である素材であると判断したからでした。また研究の成果は国際的に公表することになりますので、公表の容易さもその判断の一助となりました。私は学生とともに、「心のプログラム」の基本的なデータとして先の三つの特徴をもつデータベースを開発しました。そのデータベースを私たちは「**連想・感性データベース**（Association-Kansei Database）」、単に**AKデータベース**と呼びます、と名づけました。単語同士の連想性や感性を分析したデータをここに構築したからです。ここで「関連性」という言葉を「連想性」に変えました。それは関連のある言葉は連想も容易であるとの判断をしたからです。

データベースを作るプロセスは恐ろしく簡単です。

（P1）未探索のインターネットの英語のWebページ（WP）を探します。

（P2）WPの文章データを大学のPCに読み込んでは、一つの文章がもつすべての単語を登録します。その文章にある単語のすべては関連があると考えるのです。そして、P1へ行く。この作業を、各種データの変化が少なくなるまで継続します。

一例では、世界の120万サイトを検索しているときにデータの変化がほとんどなくなりました。それは、大学のPCをこの作業のみのために30日ほど計算させた結果です。そのときに有効な単語数は50万単語でした。有効な単語数とは、関連をもつ単語が極めて少ない場合の単語を排除した単語の数となります。

多くの他の研究では、Webページ上の文章を文法解析等などの作業を施してできるだけ多くの情報をそこから得ようと試みていますが、私はこの手段を利用しないことにしました。もちろんすでに多くの研究が進められていますし、もう少し簡明な手段、あるいはヒトの学習原理の利用などの手段を試みてみたかったからです。

さらに、細かいことを述べるならば、英単語のa, it, the, not, this, that, he, she, theyなどの、感情的な意味をもち難い単語は初めからその処理から外しています。

また、このデータベースは特徴の(2)、ある単語に関連する他の単語のすべてを計算することができますので、次のような単語の連鎖を自動的に作ることもできます。

(例) President → Bush → Iraq → War

要するに、AKデータベースにPresident(大統領)という英単語を入力すると、その単語にもっとも関連の強い(連想できる)単語がBush(ブッシュ)であったのです。続いて、データベースはBush

に一番関連している単語としてIraq（イラク）を出力し、さらにＷａｒ（戦争）を出力したのです。これは一種のコンピュータが作り出した文章といえます。文法はまだちゃんとしていませんが、私は何かの意味を感じます。読者の皆さんはいかがですか？

さらに、これらの単語のもつ感情的な意味をＡＫデータベースから抽出すると、ほとんどが「恐怖や嫌悪」でした。要するに、コンピュータが作った文章は「ブッシュ大統領がイラク戦争で恐怖や嫌悪という感情を引き起こした」のです。ただ、ブッシュ大統領とはある国の特定な人物を意味していると考えるのは早急すぎる考えですので、ご注意をお願いします。

私のこの研究がある国際的なニュースに掲載され、そのヘッドラインは「日本のロボットが大統領を恐れる！」でした、そして多くのご批判のメイルを世界中から頂戴しました。

「あなたは恥を知るべきだ！」「あなたのプログラムを書き換えろ！」などです。

私の返事は「私のプログラムはインターネットの検索プログラムにすぎません。もしその評価の良い結果を得るにはインターネットのＷｅｂページが喜びに満ちていなければなりません。」としました。さらに「それでは、私のロボットを出頭させましょうか？」と結びました。

## ロボットの頭部をアルミで作る

次に感情的な表情ができる**顔ロボット**（Face robot）を作るお話をします。

単語の感情的な意味を計算する研究と顔ロボットの研究は並行して進めました。それはもちろん、感情的な反応を実際のロボットで表現してみたかったからです。ここで、実際のロボットを作るのではなく、**CG**（コンピュータグラフィックス）でよいのではという議論が起きました。

すでに多くの研究者が顔ロボットを作っていて、ヒトによく似た顔表情を表現できるようになっていましたし、CGでも良い作品が世に出ていました。

さあ、どうしましょうか？

CGであれば比較的にすぐに使えそうですから成果を素早く世に出すことができます。しかし、ロボット作りは**物作りの真髄**です。現実の世界にあってそこで動くという魅力があるのです。やはり作ることにしました。

当初、頭部のロボットの既製品を探してみましたが、まだビジネスとして成立していない分野でしたので見つからず、やはり自分たちで作ることにしました。私たちは物作りの本道を進むことになったのです。

まず**骨格、頭蓋骨**と**脊椎**の上部を金属製で、また顔の表情を表す部分はゴムのような柔軟な素材を探しました。比較的手に入りやすく、安価な素材を探しました。骨格の素材は**アルミ**、顔の部分は**ポリウレタン**としました。骨格はできるだけ人体の形態を模倣することにしました。なぜなら、ヒトの顔表情をできるだけ正しく再現するためには、顔の表情を作る素材はある程度ヒトの顔表面の厚みを**模倣**する必要を感じたのです。要するに、ヒトの顔表情をできるだけ忠実に作るためには骨格、顔の表面、顔の表情を変えるための各種筋肉という大まかに3種の異なる素材が必要で、またそれぞれがほぼ同質な性質をもつことが必要と考えたのです。筋肉は、まだ**人工筋肉**（Artificial Muscle）の研究があまり進んではいませんので、ここは工学的に**サーボモータ**を利用して**スティール線**の**ワイヤー**を牽引する従来からの方法を利用しました。ほかに、**空気の圧力**を利用する方法がありますが、空気の圧力を保持する装置が意外と大型化する問題があります。まあ、安易ではありますが、研究の出発としてはその機能を模倣するためにできるだけ本物と同じような構造と素材を利用したいと考えたのです。

次に、アルミの頭蓋骨や脊椎をどのように模倣するかについて話します。最初は、小学校の保健室にあるような**人体模型**を購入しました。そして、それを微細に調査しました。脊椎はどのように頭蓋骨を支えているのか、どのようにして頭部の柔軟な回転や移動が実現しているのか、また脊椎の頑強性や柔軟性はどのように実現されているのか、形態の変化と骨格の関係はどのようになっているのか、などの調査が必要でした。

何気なく私たちは頭を動かしていますが、私たちはその原理についてまったくわかっていないことに気づきました。

## それを理解するために作る

そのとき私は、ふとイタリアの芸術家である**レオナルド・ダ・ヴィンチ**（Leonardo da Vinci, 1452-1519）を思い出しました。

私がダ・ヴィンチと同じように素晴らしい芸術家といいたいわけではありません。しかし、この調査をしているとき、少しダ・ヴィンチの気持ちが理解できるように思ったのです。

ダ・ヴィンチの時代は「中世が終焉しルネッサンスの時代が華やかに始まった」といわれます。**中世時代**がいつ終わったかについては諸説ありますが、「**オスマン帝国**（Ottoman Empire）による**コンスタンチノープル**（Constantinople）の占領」をその終焉とする説を紹介しましょう。それは、都市を守る頑強な城壁が**大砲**の攻撃によって意味を失ったときだそうです。コンスタンチノープルの城壁は3重に守られていて、およそ１０００年の間それは破られたことはありませんでした。それは、**黒海**、**ボスポラス海峡**を南下したロシア人たち、イスラム教によるアラブの人々、そしてモンゴルの流れをくむトルコの人々の攻撃にもよく耐えていました。

しかし、**イスラム教**に基づくトルコの人々であるオスマン帝国が手に入れた大型の大砲の砲弾がその頑強な城壁を越えて都市の中に落下したのでした。要するにこのとき城壁の機能が無力になったのでした。その混乱の中、多くの芸術家がイタリアなどのヨーロッパ諸国に亡命したといわれています。その人々が**ベネチア**（Venice）や**フィレンツェ**（Florence）で始めた芸術活動が**ルネッサンス**（Renaissance）の源流であるといわれているのです。ルネッサンスとは重厚に積み重ねられたキリスト教文化の重圧から離れて、キリスト教以前の**ローマ文明**やその母体である**ギリシア文明**の**芸術表現**の**復興**をいいます。わかりやすくいえば、女体を隠す柏の葉を取り去って、太陽の下でのびやかに背を伸ばす人間本来の美しさを復興させたといわれます。

なぜコンスタンチノープルの芸術家たちがギリシア文化を復興させ得たのかは、その都市が**東ローマ帝国**（**ビザンチン帝国**、Byzantine Empire）の首都であって、その帝国が世界で初めてキリスト教を国教としたとはいえ、キリスト教を広げるために役立つこととなった芸術の母体はギリシア文明にほかならなかったからでした。

例えば、ビザンチン帝国で有名となった**イコン**（聖画、Icon）はキリスト教を題材にしているとはいえ、その表現はもともとローマの**皇帝肖像画**や古くは**ギリシア神話**を描く伝統的な手法であったといわれています。

少し話がずれてしまったように感じるかもしれませんが、「人間を人間らしく」というキーワードがルネッサンスの真髄であるのです。「人間を人間らしく表現する」ということがルネッサンスの人々の最大な関心事であったのです。ルネッサンス人の典型であるダ・ヴィンチは「人間らしい表現」を追及することからさらに大きく踏み出し、「世界を理解する」道を歩むことになったと私は考えています。

彼は、芸術家であるだけではなく、その枠を越えて工学者、ひいては科学者でもありました。ただ、この分類は現代の考えでありますから、当時はスケールの大きな芸術家であったのでしょう。彼の**素描集**の**レプリカ**（Replica）を手に入れて眺めていると、私はわくわくするような感情が湧き出します。一番驚いたのは、彼はキリスト教会が反対していた**人体解剖**をしてヒトの体内の様子を素描集に残しているのです。ヒトのあらゆる部分の骨格、筋肉、血管を画像で記録しているのです。眼球から脳の内部を、口内、鼻、耳の内部まで、腹部の内臓の様子、肺、心臓、男女の陰部、子宮の内部、胎内児の様子など、驚くべき探究心です。

脳内部の様子は、ほとんど空白ですが、僅かな器官らしき画像が記録されています。彼は、果たしてヒトの思考の謎を知りたいという欲求があったのでしょうか？　また、男女の営みやヒト誕生の神秘を知りたいという欲求があったのでしょうか？　私はそうであったと思っています。

当時は、キリスト教から見た**ヒトの理解**、**世界の理解**が信じられていたのです。ヒトの理解とは「ヒトの男性は神の姿に似せて**土の塊**から作られた、女性は男性の**あばら骨**から作られた。」従って、「男女は一つになろうとしている」。「男性は女性の誘いによって**楽園**の**禁断の実**（リンゴ）を食べたために**原**

**罪**（Original sin）を受け楽園から追放されることになった。」それによって、ヒトは元々罪をもって生まれてきたと位置づけられています。また、世界の理解では「大地は平面であって動かず、その上空を太陽や月そして星々が周る」とされています。有名な**プトレマイオス**（K. Ptolemaios、AD100頃−AD170頃）の**天動説**（Geocentric theory）ですね。彼も人体の解剖図を描くために刑死や病死したヒトの遺体を手に入れたそうです。遺体の解剖ももちろんキリスト教会から厳しく禁止されていました。なぜなら、キリスト教ではヒトは死ぬと**魂と肉体**が分かれて存在するとされ、肉体は魂が戻るときに必要とされると考えているからです。この考え方は**エジプトの生死観**から影響を受けているといわれています。エジプトでは肉体は**ミイラ**（Mummy）となって保存されるのですね。この考えから、遺体を切り刻むことが厳禁されるわけです。ですから、このとき**ダ・ヴィンチ**は宗教的な制約を乗り越えたのでした。これは明らかにルネッサンス人としての行動でした。

なぜこのような行動に突き進んだのでしょうか？　それは、やはり**本当の人間**の姿、**真実の人間**を知りたいという欲求であったと私は考えます。彼は芸術家として世界最高であることを望んでいたはずです。彼が描いた絵画、例えば**モナリザ**（Mona Lisa）、や王侯貴族に提案した最新兵器、例えば**空飛ぶ装置**、によってその高い志は十分伺えます。そのためには「ヒトや世界の真実」に近づかなければなりません。私は、彼の素描集を詳細に見て、彼の「真実」へのアプローチの秘密を理解したように思えました。それは、彼の大量に描かれた「**人体**の素描」でした。もちろん、彼はより正しく人体を画面に写し取ることを習得するために「人体を素描した」のでしょう。何枚も何枚も描いています。「正しく画面に写し取る」ためには「正しく見て、その認識した通りに手で描く」、写し取る、のです。まさに、これは「人体の絵画」が「本物の人体を表現する」ことができるかどうかという問題に帰されるのです。そしてそれは、**自己感覚**の鍛練と、他のヒトによる評価によってその正しさが示されるのです。この方法は、単なる芸術家の試作というものではなく、科学的に真実へアプローチする素晴らしい方法となっているのです。きっと彼は、人体を書きとめているときに、人体の本質という真実に迫っていることを実感したことでしょう。簡単な表現をすれば彼は人体を描く行為を通じて、人体の真実を理解したのでしょう。このときに皆さんは写真や映画は簡単に「人体を写し取る」ことができるので、何か難しいことをいっているなあと思うかもしれませんね。実は、ダ・ヴィンチはすでに**写真の原理**を密かに発明していたという説がありますが、それは置いておくこととして、**写真機**と〝ヒトが認識に基づいて描き写し取るという行為〟の違いについてお話すればわかって頂けると思います。例えば、騎馬に乗った**騎士**（Knight）が剣を振りかざしてまさに敵に斬りかかる様子を絵画に表現しようとした場合、左手はしっかりと手綱を握り締めて前に出し、剣を握り締めた右手と上体は上方に大きく延ばされ、眼光は厳しく前方をしっかりと睨んでいます。人体がその体型を作り上げるその真実を絵画として表現するためには骨格と筋肉の動きをとらえなければならないでしょう。戦闘の状況の真実に迫るならば、それだけではなく勇気や覚悟が顔表情に表れているはずです。疾走する馬も骨格と筋肉の動きや緊張感が漲っているはずです。このように、真実に近づくためには骨格や筋肉の構造や精神的な機能について知る必要があります。ダ・ヴィンチが人体を解剖した理由は、その真実に迫りたかったということでしょう。それを写し取るという行為は、構造と機能について彼が思いを巡らせたということを意味しています。要するに、紙に書き写したという行為は現代でいえば「**モデル**」を作ったという意味になると思います。

私たちは、新しい商品を作ろうとするときに、まず紙に考えている商品の絵を描いてみるでしょう。**デザイン**ともいいますし、モデルともいいます。ダ・ヴィンチがヒトの心や感情にも興味をもっていたことは確実であると私は思っています。なぜならば、脳の中まで解剖した素描が残っているからです。しかし、それは灰白色の物体が描かれているので、そこから得られた情報はほとんどなかったのではなかったかと思えます。それが当時の限界だったのでしょうね。もちろん、いまでも大きな限界があります。彼は脳が心や感情の中心であったという認識はなかったかもしれません、しかしギリシア時代から**エラトステネス**が「脳が身体を動かしている」という知見があったことを考えると、その認識をもっていたという可能性が高いと思います。また彼は、人体解剖による心臓の詳細な素描を残していますので、「心と感情」の元は心臓であるかもしれないと判断していたかもしれません。脳なのか心臓なのか、彼は大いに悩んだのではないかと想像できます。

読者の皆さんは、なぜ長々とダ・ヴィンチのことについて書いているのかと不思議な気持ちを抱いたかもしれません。私はダ・ヴィンチのことを説明して少しでも私がなぜロボットを作り続けているのかの心情を理解してほしかったのです。**未知**のことに対して一歩でも真実に近づくためには、ダ・ヴィンチのように「理解するためにモデルを作る」作業が必要で、それはロボットの研究者であれば「理解しながらロボットを作る」というう行為になるのです。すなわち「心をもつロボットを作る」ためには「理解しながら作る」ことになるわけです。

日本人は古来より海外から渡来した目新しい品物を1年間で複写したといわれています。有名なものは、**金銅仏**、大型建造物、陶磁器、大型帆船、**緞通**、**唐紙**や**火縄銃**です。大型建造物は**東大寺**などをはじめとした寺院が中国の建造物を模倣していた時代から、徐々に日本的な様式をつけ加えていきます。大型帆船とは、西欧から漂着した宣教師から日本の船大工が指導を受けて海外貿易が可能なほどの精度をもった西欧型帆船を造ったという話が残っています。火縄銃は大いに困難な問題があり、その複写は容易ではなかったと伝えられています。もっとも困難な部分は**銃身**の元の部分で、そこに**螺旋ネジ**で止められていることを発見するまで、爆発事故が繰り返されたようです。それが日本でネジの機能を学習した日であったのです。ちなみにネジは**アルキメデス**（Archimedes、ＢＣ２８７頃－ＢＣ２１２）の発明であるといわれています。

日本人は**コピー**（Copy）が上手いだけだという話をよく海外で聞きますが、そのときドイツの友人が「いや違う、日本人は**カピーレン**（kapieren、独語）しているのだ」といって弁護してくれたことがあります。kapierenとは「理解している」という意味です。コピーとカピーという言葉の違いは議論が必要ですが、日本人が1年間で新しい渡来品を模倣できたという事実は、その構造と機能について容易に理解することができたことを意味しています。それは新しい物の理解ができるという基礎的な**知的基盤**がすでにできていたことの証であると考えられます。例えば、大型建造物や西欧帆船の建造については、日本の技術者はすでに木材の性質についてかなりの理解力があったのでしょう。また、金銅仏の**鋳造**（ダイカスト）についても、金属の性質についてすでに多くの知識があったことが推測できます。

さて、私たちは人体模型を購入し、その頭部と頸椎部を詳細に観察しました。現代でも人体を解剖することは専門外の私たちにとってできませんが、多くの医学解剖書や解剖情報を記録したＤＶＤの情報を見ることができます。まるで、学生や私たちはダ・ヴィンチになった気持ちで調査を進めました。首と頭部の骨格からヒトの首がどのように動くのかについて大方の認識を得ました。そして、首部の頸椎や頭部の頭蓋骨の部分の複製を作る段階にきました。素材はアルミの予定ですから、まず**蝋型**で原形を作ります。そして、その原型に基づいて**金型**を製作、それを**ダイカスト法**でアルミ形成する予定になります。それは鋳造という技術です。金銅仏を作る技術ですね。蝋型の原形とは蝋燭の蝋を使って原形を作ることです。要するに蝋を柔らかくしながら原形を作っていきます。

まず頭蓋骨です。これは、比較的に大型となりますので、医学用の骨格見本の頭蓋骨から直接的に複製してしまうことにしました。いまであれば、見本の頭蓋骨から3次元情報を計測し、その情報を用いて**立体プリンタ**で印刷するように頭蓋骨を形成していく手段があります。とはいえ、私の研究室にそのような装置は急に手に入れることができませんでしたので、もっとも原始的な手法で作ることにしました。

まず、見本から頭蓋骨を外し、それを料理用のラップで包みます。頭蓋骨は上部と**下顎部**に分けます。要するに頭蓋骨から顎の骨を外すのですが、それは簡単です。ラップで包むときにはできるだけ原形の形態を保つようにします。次いで、大きな料理用のボウルを火にかけながら蝋を溶かします。蝋は金銀のアクセサリーを作るための彫金素材を扱う店で安く手に入ります。溶けた蝋を比較的大きな塗装用ブラシにつけては、ラップに包まれた頭蓋骨に塗りつけます。頭蓋骨の全体がある程度の厚み（1～2cm）で固まった蝋に包まれたら、それを冷気（外気でよい）でよく冷まします。蝋が完全に固まったら、次は頭蓋骨の構造を考えながら蝋に裁断線を黒マジックで書きます。その裁断線に沿って彫刻刀で溝を掘り、小さな金槌等を適宜利用しながら、頭蓋骨から固まった蝋を外していきます。そうすると、ラップに包まれた見本の頭蓋骨と、バラバラになったかたどりした蝋の頭蓋骨とが分かれます。

基本的には、これらの蝋の頭蓋骨をジグソーパズルのように組み合わせて再度接着すれば、蝋でできた頭蓋骨ができあがります。皆さんおわかりのように、この蝋型は見本より少し大きな頭蓋骨を作ったことになります。もちろん、この大きさは、私たちの研究にとってそれほど大きな影響を与えないと判断したのです。

下顎の部分も同様の手法で蝋型を作ります。組み合わされた蝋でできた頭蓋骨は、見本に比べて美しくないので、彫刻刀等で見本を参考にしながら成形します。素材は蝋ですので、厚みのある部分は食事用のナイフを熱してはそぎ落とし、薄い部分では溶けた蝋をナイフで塗りつける等の作業をしてより美しく成形していきます。

いよいよ、見本の美しさに近づいたら、次はこれらがロボットの部品として利用されることを考えながら、ある種の**理想化**（Idealization）を行います。例えば、頭蓋骨内部を平たんにしたり、ネジ止めの部分を作ったりします。何しろアルミ製の頭蓋骨の内部にはギッシリと電子装置や機械装置が詰め込まれる予定ですから。また軽量化のために、できるだけ多くの穴をあけます。例えば、頭蓋骨頭頂部や下顎部です。穴をたくさんあけてもアルミ製の頭蓋骨はヒトのものより数段強度があることでしょう。

さて、蝋でできた頭蓋骨と下顎部を組み合わせて、見本と同じような機能が実現されているかを確認し、さらに美しいかを見定めます。完成度が高いと判断したなら、今度はできあがった蝋の頭蓋骨を比較的に大きなサイズで再度裁断して部品化します。これは、蝋型を大量に複製するための作業です。断って部品化した蝋型の一つ一つを**樹脂型**の形成剤を使ってかたどりします。普通は**雄型**と**雌型**の2種類の樹脂型となります。

この樹脂型ができてしまえば後でその空間部に溶けた蝋を流し込め（キャスティング）ば、いくつでも大量の蝋でできた頭蓋骨が作れます。ただし複写した部品を再度接着する必要がありますね。私は予備を含めて10個のアルミの頭蓋骨を必要としていましたので、この樹脂型を使って10個の蝋の頭蓋骨を複製したのです。そして、この完成した蝋の頭蓋骨を、アルミ鋳造のメーカーに持ち込み、キャスティング技術によってアルミの頭蓋骨を作ってもらうのです。ここの部分は、金銀プラチナの**装飾品**を鋳造するという作業と同じとなります。ただ、指とかネックレスとかの大きさと比べて相当に大きな製品ですね。続いて、脊椎上部の頸骨と呼ばれている部分のアルミ部品を作ります。ほぼ頭蓋骨の製作と同じですが、いくつかの考察が必要です。まずヒトの頸骨の太さは意外と細く、およそ6㎝です。頸椎は、ヒトの頭部、脳やその神経系、視覚、聴覚、口にまつわる各種筋肉、ヒトの顔表情を変えるための表情筋、等があり、相当の重さを支える必要があります。脳の重さがおよそ2kgですから、全体で5、6kgになるでしょう。その頭部を回転したり移動させたりすることが頸骨の大きな仕事です。そのため、頸骨はたくさんの筋肉や腱によって支えられています。ヒトの首の太さはおおよそ筋肉でできていると考えてよさそうです。

このメカニズムをロボットに模倣するためには、筋肉の人工的な装置や人工的な腱が必要とされます。それらの研究はすでに始められているのですが、いまだ一般的に利用できる状態にはないと判断されます。そこで私たちは、頸椎の太さをおよそ2倍以上とし、筋肉の代用として金属ワイヤーとサーボモータを利用することにしました。**人工頸椎**は用途に分けた3種類の頸骨を準備して、アルミで製作します。**人工腱**は引っ張り強度に強い**ケブラー**（Kevlar）線維を利用することにしました。この線維は特殊な樹脂を線維化してロープ状にして、各種建材として利用されている**最先端素材**の一つです。軽く、強いというのが特徴です。最近、**鉄筋コンクリート**作りのビルが、鉄筋の代わりにこの線維でできた素材を使っているようです。ヒトの頸骨は7個で作られていて、そのうちの2種は形態が異なります。それは、頸骨が重い頭部を支える役割があることと、頭部の回転を実現することという理由があります。重みを支える頸骨を下部頸骨、回転を実現する頸骨を上部頸骨と呼びます。それぞれの頸骨は以下に示します。下部頸骨の特徴は、それ自体の回転をできるだけ制限するための左右翼と後方への過度の傾斜をできるだけ制限しようとする**後方翼**をもつことです。また、下部頸骨同士を円柱状につなぎとめるための多数の穿孔があることです。この穴にケブラー線維を縫い込み緩い結束を試みます。また、円柱状に積み上げられた下部頸骨のそれぞれの隙間には、リング状の**合成ゴム**を挟み、さらにその中心にはおよそ1㎝のステンレスの**金属球**が入れられています。この金属球のそれぞれは円筒に積み上げられた上部頸骨の中心線をできるだけ直線状に保つように工夫しています。要するに、頭部の重みを支える役割のある上部頸骨による円柱状の柱は、できるだけねじれが生じないように、またできるだけ後方への傾きが生じないように、またできるだけ直線の状態を維持するように作っているのです。上部頸骨は、頸椎の上で回転できるような仕組みであり、ヒトの上部頸椎の構造をある程度理想化しながら模倣した構造になっています。これらの人工頸椎は、すべて蝋のダイカスト法を用いてアルミの素材によって製作しました。

人工頭蓋骨と人工頸椎を作り、アルミでおよそ9kgとなりました（**図4-5、4-6、4-7、4-8**）。

図4-5　アルミ製の頭蓋骨と頸椎

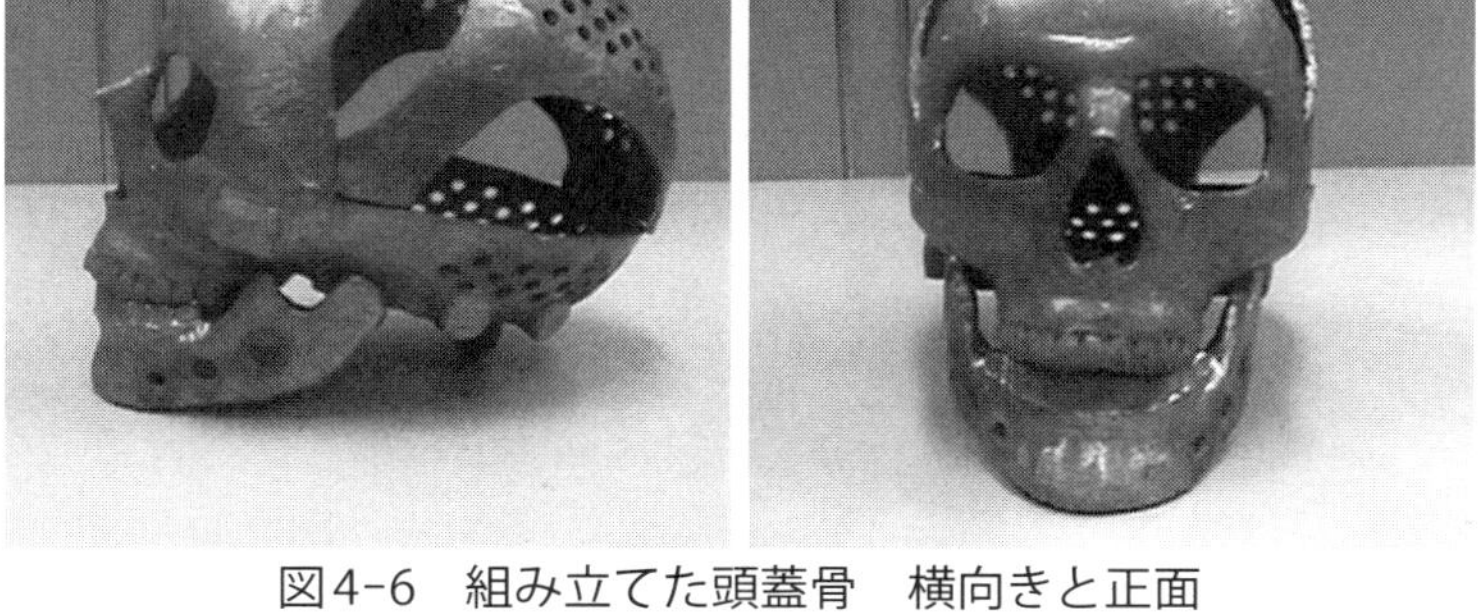

図4-6　組み立てた頭蓋骨　横向きと正面

図4-7　組み合わせた人工頸椎

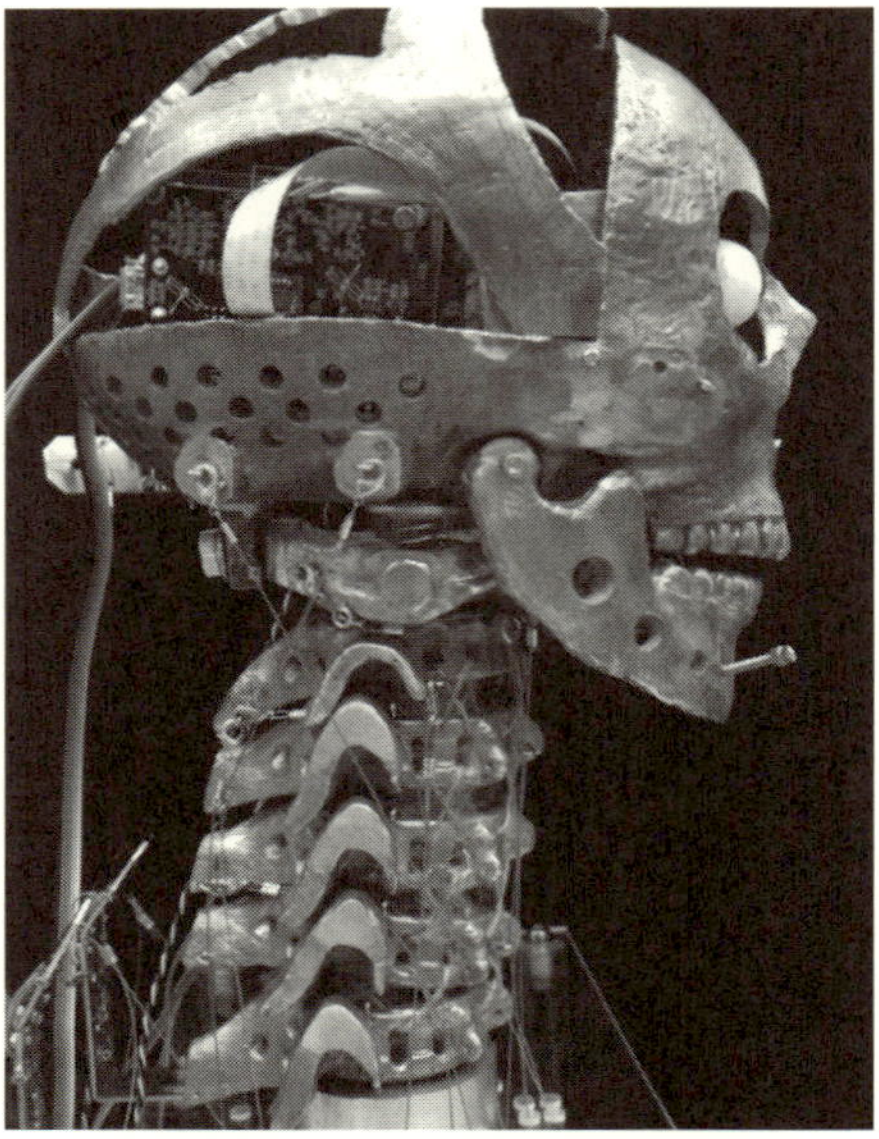

図4-8　頭部ロボットの組立

製作費はアルミキャスティングを外部に発注して1セットあたりおよそ20万円の製作費となりました。ただ、私や学生の人件費はまったく計算に入っていませんので注意願いします。ただ、樹脂型原形がまだ残っていますので、いつでも1セット20万円程度で製作できる状態となりました。

## 肌はポリウレタンだ

さて次は、顔の表情を作り出す**人工皮膚**（Artificial skin）です。素材は比較的自分で作るのに容易であるポリウレタン（Polyurethan）を使います。

2種類の液体状の材料をまず攪拌し、その材料を型の中に流し込みますと、型の中でゴム状の素材となります。形態は型のとおりになりますので、ゴムのような柔軟さをもったヒトの顔の形を保った素材となります。要するにヒトの顔のように柔らかな人工の皮膚が作れるのです。

問題は、ヒトの顔の原形をどのように作るのかということです。そこで私たちは、よくテレビの番組で見たことのある、顔表情を再現する手法を使うことにしました。それは、ヒトの頭蓋骨の形態からヒトの顔の表情を推定する方法の一つです。例えば、NHKのテレビ番組でトルコの**エフェソス**（Ephesus）で発見された**クレオパトラ**（Cleopatra、69AD頃–30BC）の妹**アルシノエ**（Arsinoe）の再現頭蓋骨から彼女の顔の様子を再現する研究を紹介していました。すなわち、ヒトの顔はその頭蓋骨からある厚みをもたせて形成した人工素材で顔表情を再現することができるのです。そこで、私たちはすでに作った蝋型の頭蓋骨と下顎を組み合わせて、全面に透明なラップを張りつけます。次いで、**油粘土**をそのラップ上に少しずつ指で張りつけていきます。すると蝋でできた頭蓋骨に油粘土の層が徐々に形成されてきます。その厚みは人体解剖図から推定しました。完成すると、油粘土でできたヒトの顔ができます。そして、美的な観点からある程度の理想化をします。

これができれば、いよいよロボットの顔の部分になる人工皮膚を作る段階になりました。それでは始めましょう。基本的には頭蓋骨を複写した手法と同じです。まず、顔の表面の形をかたどりしましょう。これは、先に述べた樹脂形成剤を使います。**型枠**を作り、そこに粘土の顔がついた蝋の頭蓋骨を俯きの方向に設置します。せっかく作った顔が型枠の下に接触しないように工夫します。私は、割り箸を蝋の頭蓋骨につきとおすようにしました。割り箸が型枠に支えられて、型枠の下からある距離をとるようにしたのです。続いて、型枠の隙間から形成剤を流し込みました。そして、形成剤が硬化するのを待ちます。およそ1日放置しました。次の日、蝋の頭蓋骨の後頭部に張りつけているラップをカッターで切り開きます。そしてラップをゆっくりと開いていくと、そこから蝋の頭蓋骨だけが抜け出てきます。それを取り上げます。状況をみると、ラップの下に粘土の顔部分が見えます。これを外せば顔の表情となる部分の型（雌型という）が見えるはずですが、外さずそのままにします。理由は、一度外すと粘土の形が元に戻らない可能性があるからです。そのとき、同時に粘土の顔部分にねじれ、よじれやへこみ等が生じていないかを確認します。続いて、ラップを下にある型枠に貼りつけます。セロハンテープでよいでしょう。そして、はじめに使った型枠を一度外して、その枠を上方に引き上げてからもう一度型枠をしっかりと設置します。そのときに、はじめの成形剤とこの度の成形剤が接着してしまわないように、**離形剤**といわれる液状の材料を成形剤が接触する部分と思われる部分に刷毛でぬりつけておきます。このとき、同時に**湯口**と**空気抜け**の通路を作っておきます。さて、続いて型枠のなかに樹脂の形成剤を流し込んでいきます。型の製作にはかなり大量の樹脂型の形成剤が必要となりますので、各自できるだけ材料を少なくできる工夫をしてみましょう。さて、また硬化の時間を待ちます。一日経ったら、型枠を外してみます。比較的大きな長方体の樹脂の塊が作られました。しかし、2番目の型、すなわち雄型、と第1の雌型とは離形剤の部分で引きはがすことができます。ゆっくりと引き離すと、雄型と雌型に分けることができます。そして顔の原形である油粘土とラップを引きはがします。このとき顔の原形は崩れてしまうことが多いですが、心配要りません。顔の原形はすでに雄雌の型に複写されていますので。そこで、雄雌の型を組み合わせて湯口から液状の人工皮膚（ポリウレタン）を流し込むと、一日後には顔の形をした人工皮膚ができます。ただ、異なる樹脂同士では接着してしまうことがあるので、購入するときに情報を手に入れておいた方がよいのです。蝋の複写を作るときも同様の作業となります。各自工夫してみてください。基本的には、原形を雄型と雌型でかたどりして、そして雄型と雌型を組み合わせたときの空間に素材を流し込んで原形と同一の形の複写物を得る。それを繰り返せば複写物は大量に生成できるのです。さて湯口と空気抜けについて説明しておきましょう。湯口とはかたどりが成功したときに、雄型と雌型の中間にある空間部に元の原形の複写物となる液体状の素材を流し込む入口です。その素材はふつう重力に従ってその空間部に入っていきます。内部にあった空気は、いわゆる空気抜けを伝わって外部に放出されます。素材として蝋を使う場合は、溶けた蝋がおよそ80度の熱い液体となって湯口から注ぎこまれます。この場合は熱く溶けた素材ですので、湯口という名前はよくその状況を表現しています。

ひとつ注意点を述べておきます。人工皮膚をキャスティングするときに女性用のストッキングを雄型の表面（顔の裏面）に貼りつけておきます。人工皮膚の柔らかさと強さを同時に実現するためです。

長々と、人工の頭蓋骨を作る方法について述べましたが、私たちが自作していることを読者のみなさんに知ってほしいことと、読者のみなさんも実は自作できることを示したかったのです（**図4-9、4-10、4-11**）。

この本ではすべてを説明しているわけではありませんが、自らの身体を動かして物を製作する喜びや失敗から学ぶことの重要性を知ることができることと思います。"Try it."

さて、製作したアルミ製の頭蓋骨と人工頸椎を使って**ヒューマノイド**の**頭部ロボット**を作ります。頭部ロボットはそれを支える比較的に厚みのある（2、3㎜）アルミニウムの板の上に設置します。頭蓋骨の内部には19個の小型サーボモータを設置しました。このモータの回転軸はそれぞれ小型の**プーリー**

図4-9　人工皮膚を作るための原形、正面と裏面の状態

図4-10　原型から作った人工皮膚用の石膏型

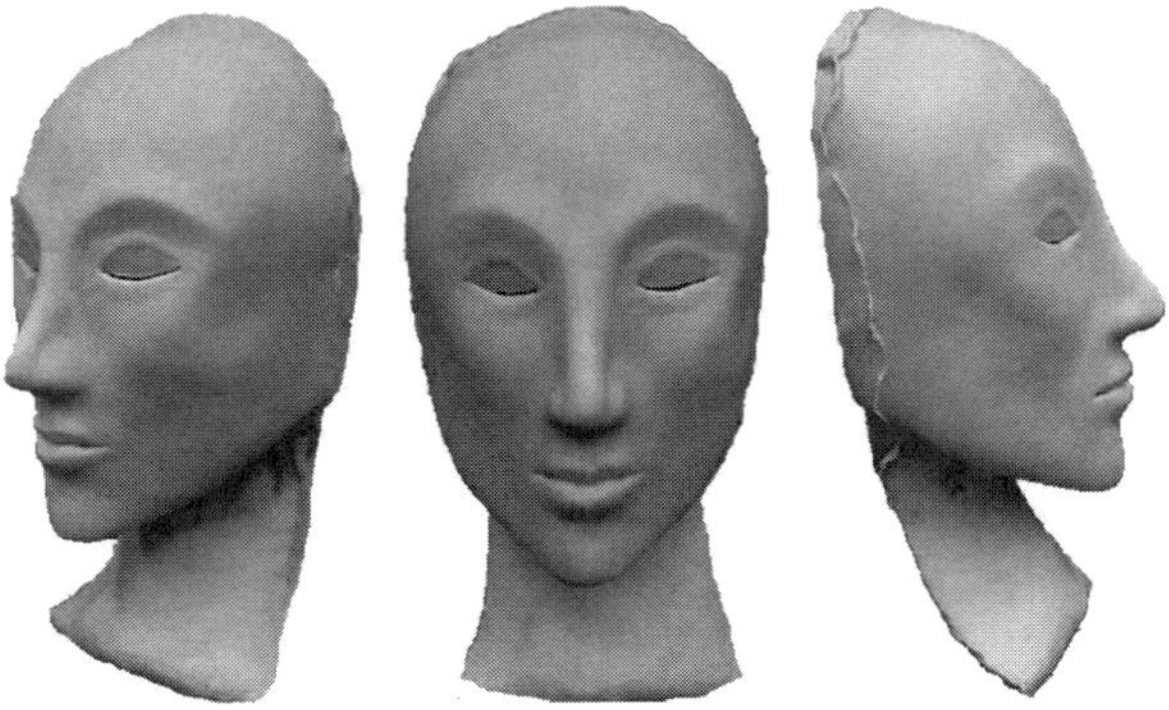

図4-11　ウレタンで作った人工の顔

を設置していて、その回転力によって顔表情を実現するためのワイヤーを牽引するのです。牽引するワイヤーはそれぞれ顔表情に関わる表情筋に対応しています。要するに、いくつかのワイヤーを牽引すると「喜び」の顔表情に変化するのです。モータが牽引を止めればワイヤーは人工皮膚の柔軟性によって元に戻り、標準の顔の表情となります（**図4-12**）。各々のワイヤーは頭蓋骨の裏面に設置している幾つかの真鍮製の細管の中を通過させ、人工皮膚のそれぞれの牽引ポイントに誘導します。細管の設置の方法は読者のみなさんが工夫して下さることを希望します。ヒントはドリルの穴、細線、スーパ接着材で止めるということです。

要するに、このロボットの顔の表情を作る、動かすには、ＰＣから多数のサーボモータを動かすコマンドをほぼ一度に送ればよいことになります。サーボモータを動かすことは難しくありません。ある値を入力すれば、サーボモータの軸はその値の大きさに従って回転し、それを維持します。細かい説明はしませんが、一度購入して動かしてみることを勧めます。

この章で述べようとしているのは、「言葉」に対して感情的に反応するロボットを作るということですので、入力する情報はコンピュータのキーボードから入力する「言葉（文字列）」であって、その言葉にふさわしい感情に対するロボットの顔表情が作られればよいわけです。

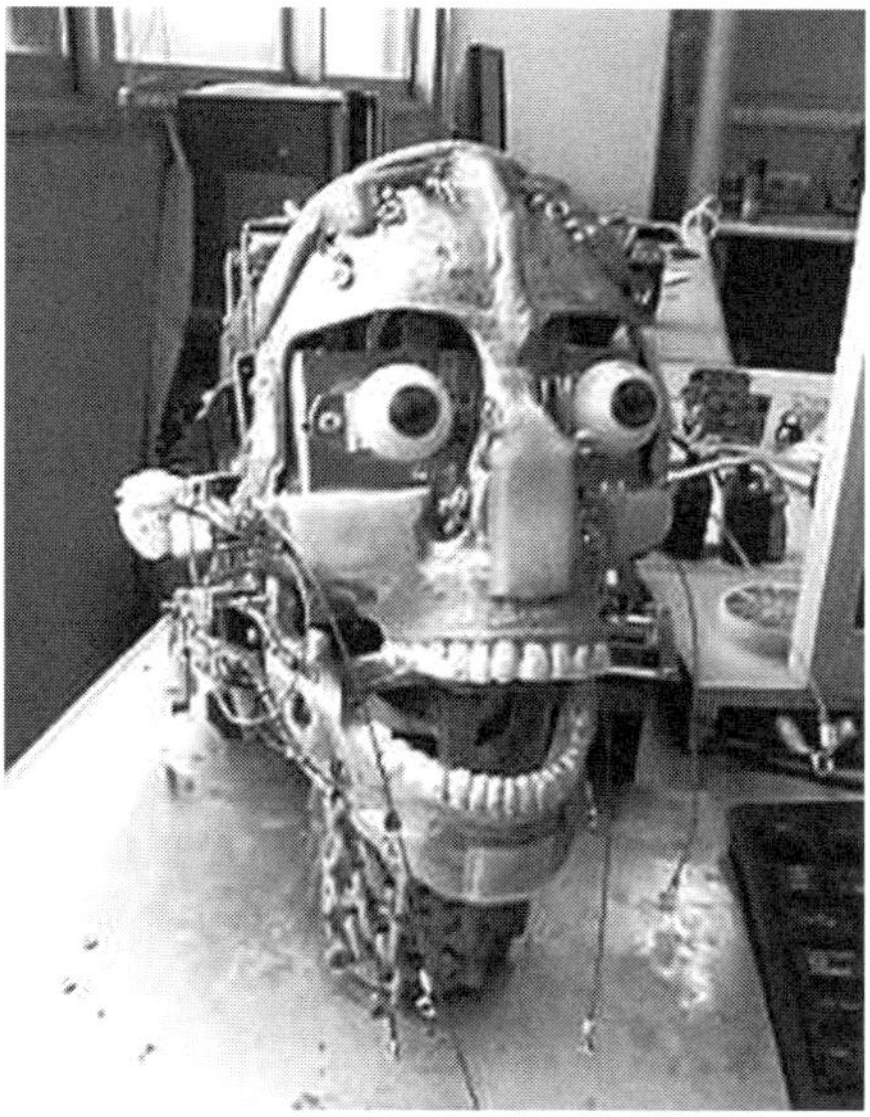

図4-12　顔の人工皮膚を牽引するワイヤーをセットする

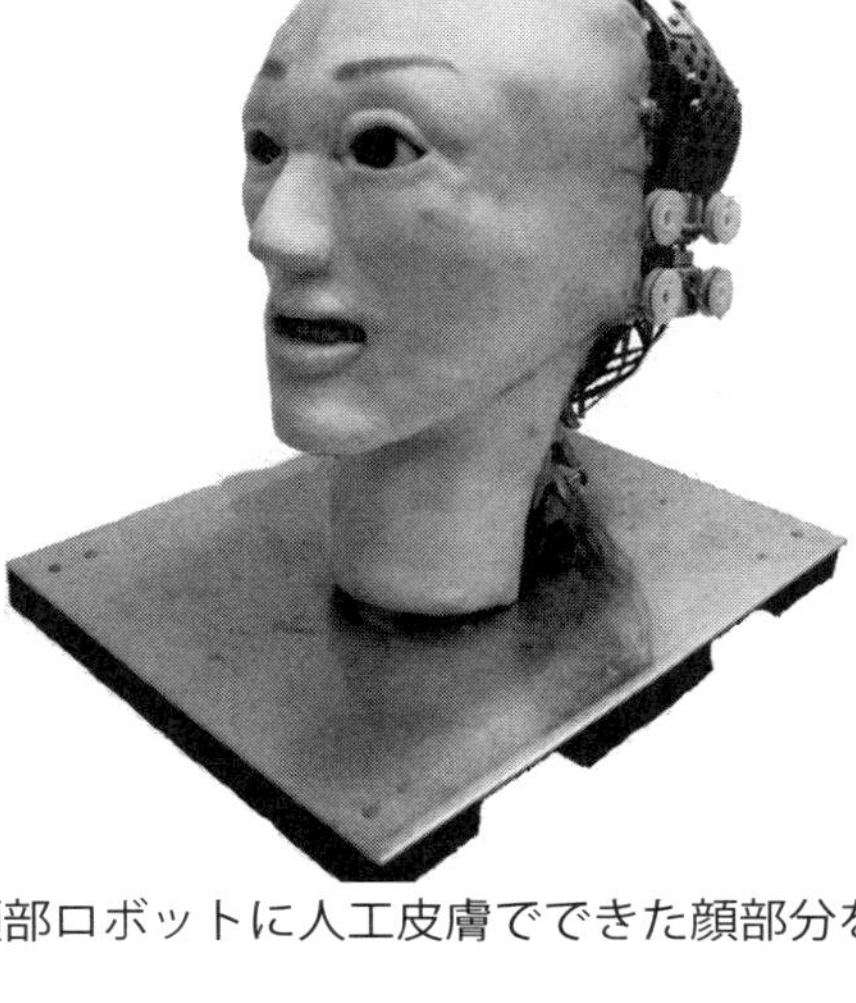

図4-13　頭部ロボットに人工皮膚でできた顔部分を取りつける

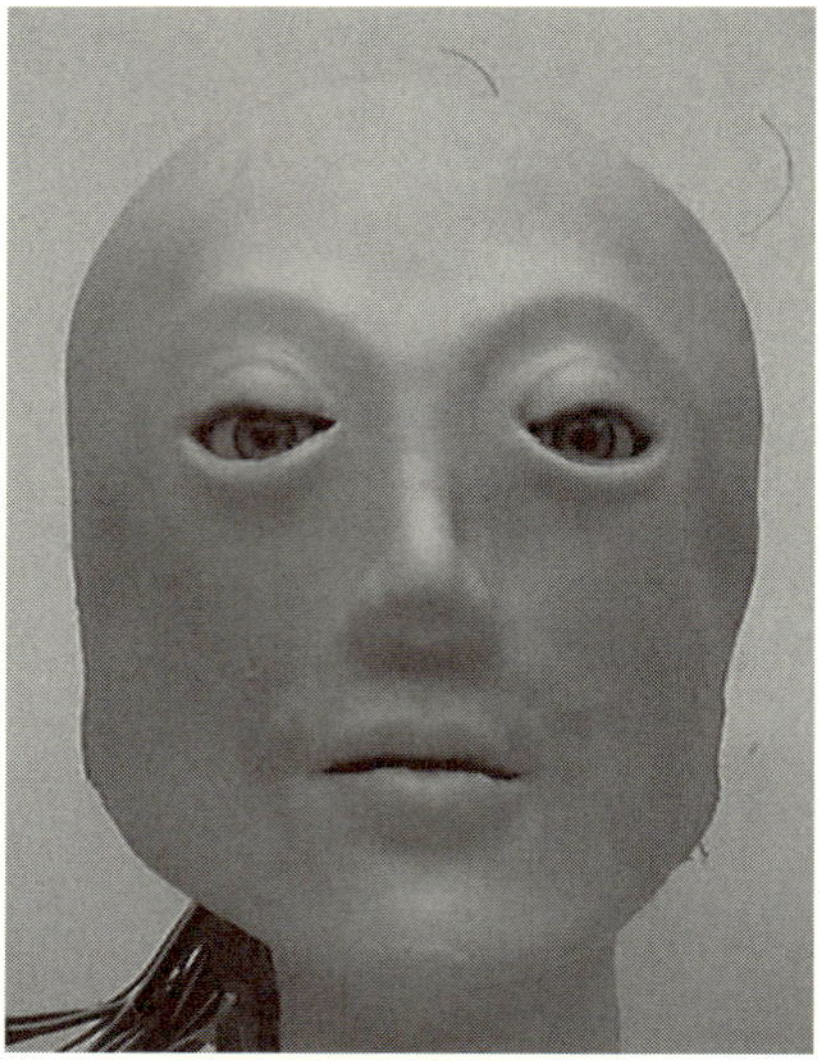

図4-14　普通の顔

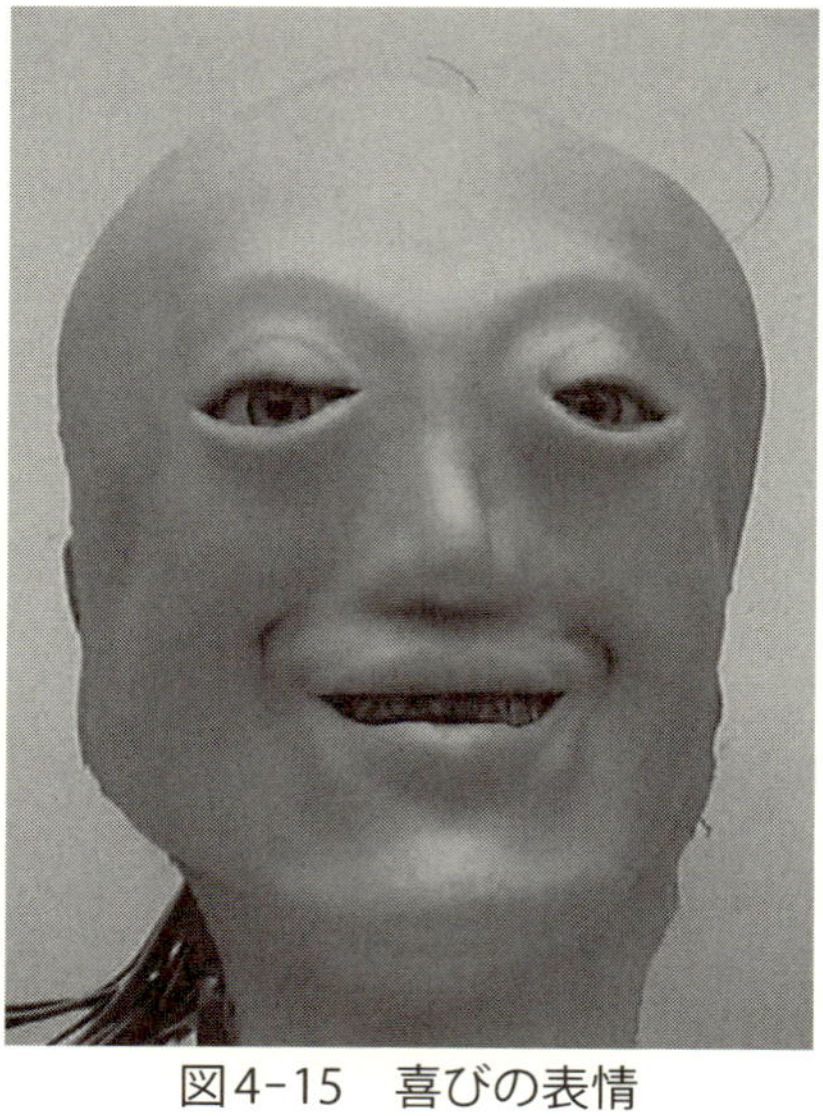

図4-15　喜びの表情

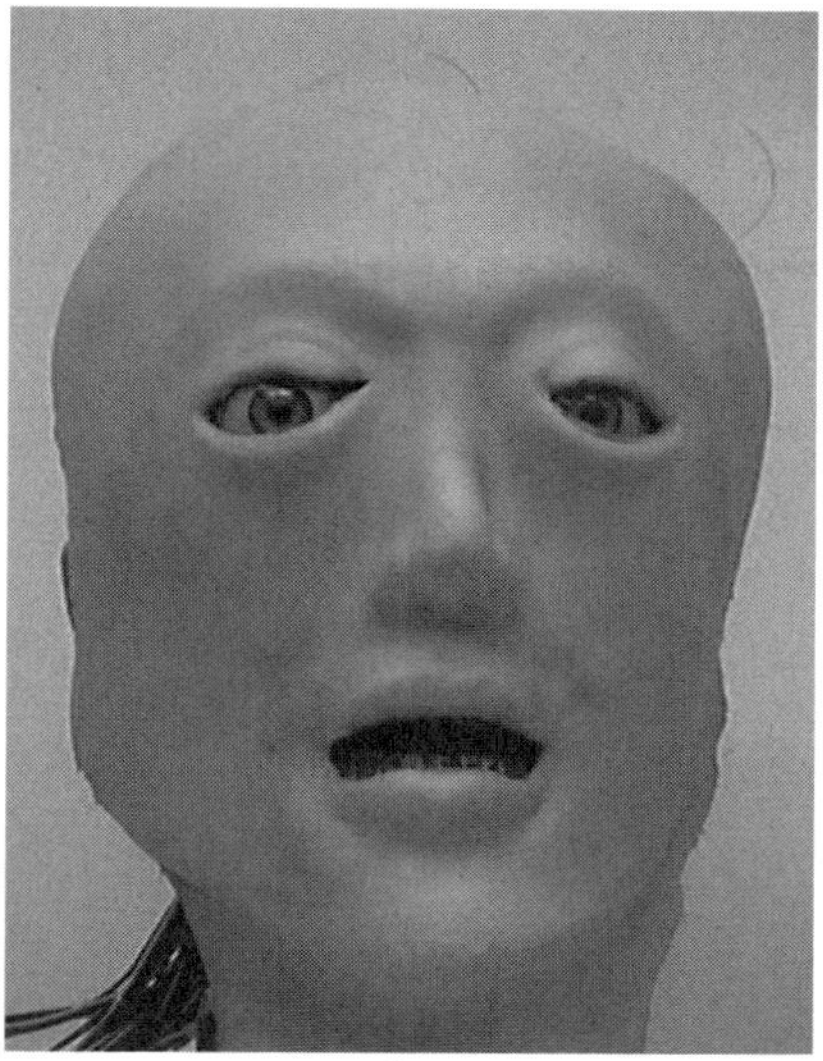

図4-16　悲しみの表情

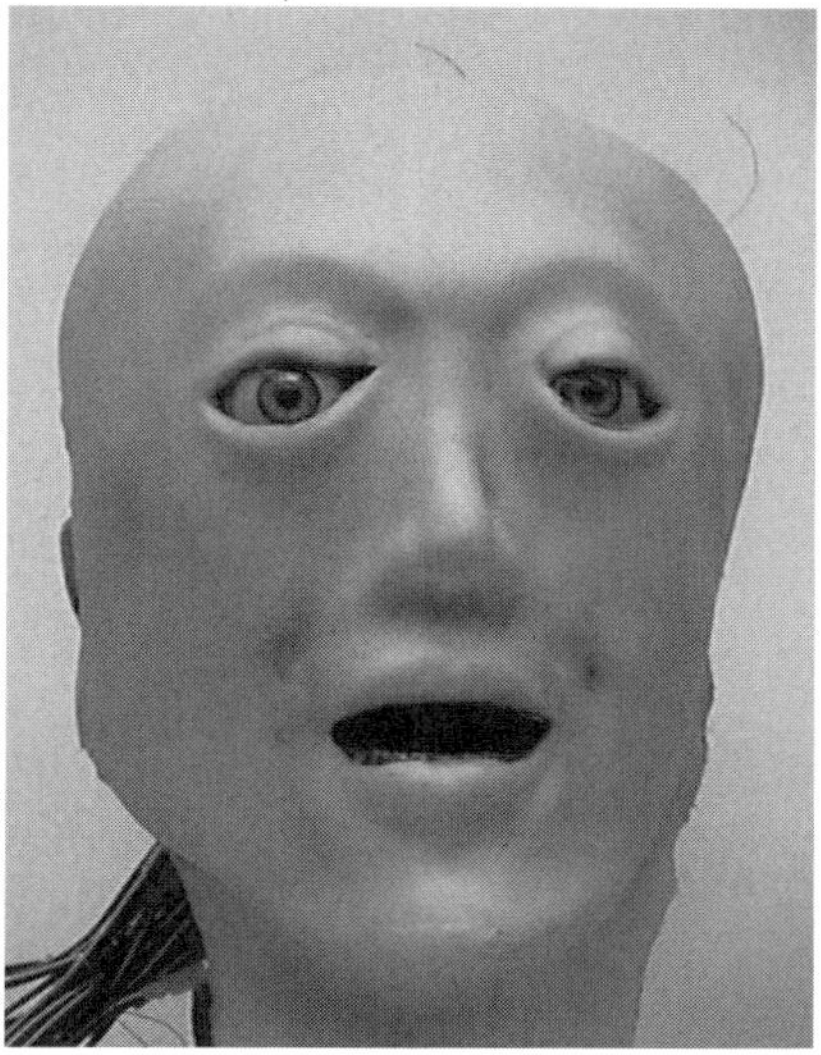

図4-17　怒りの表情

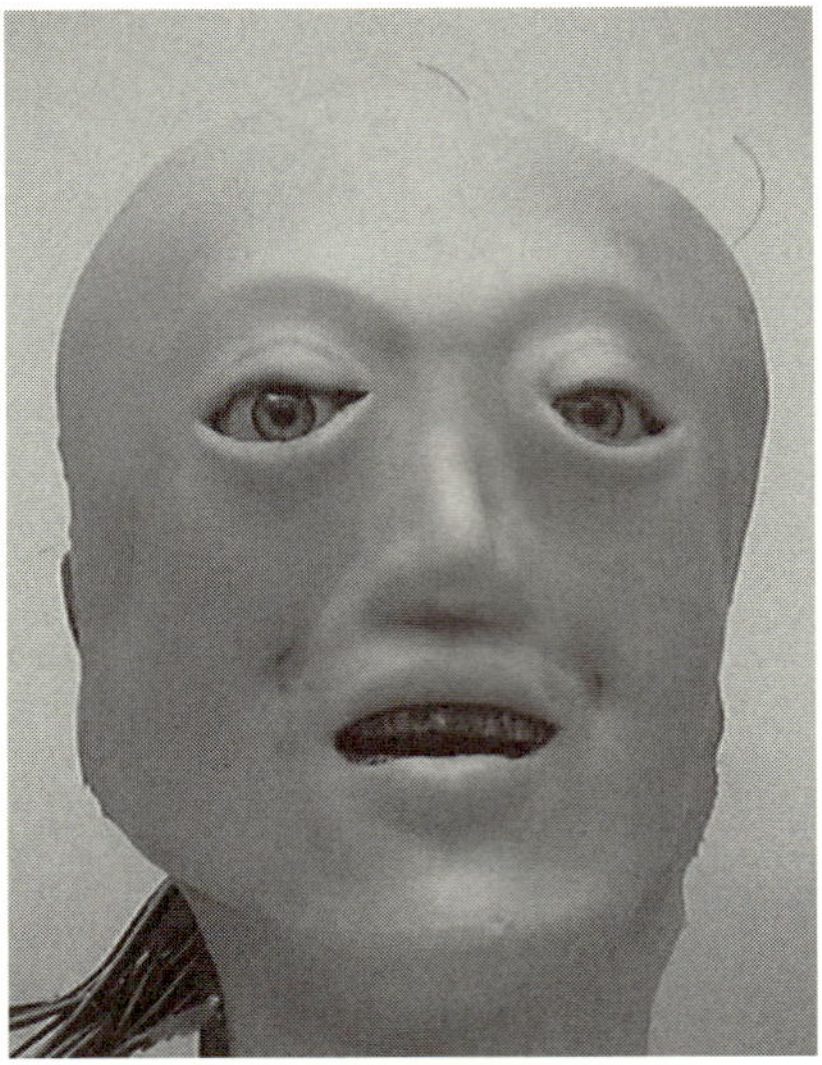

図4-18　嫌悪の表情

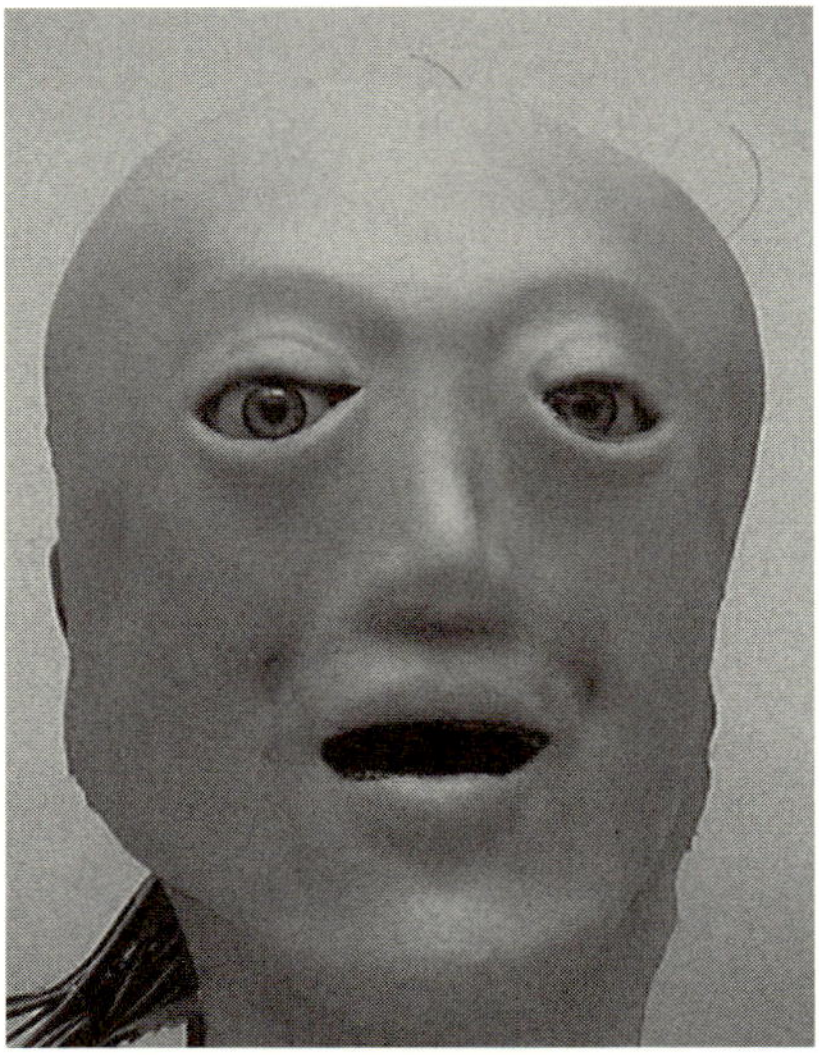

図4-19　恐怖の表情

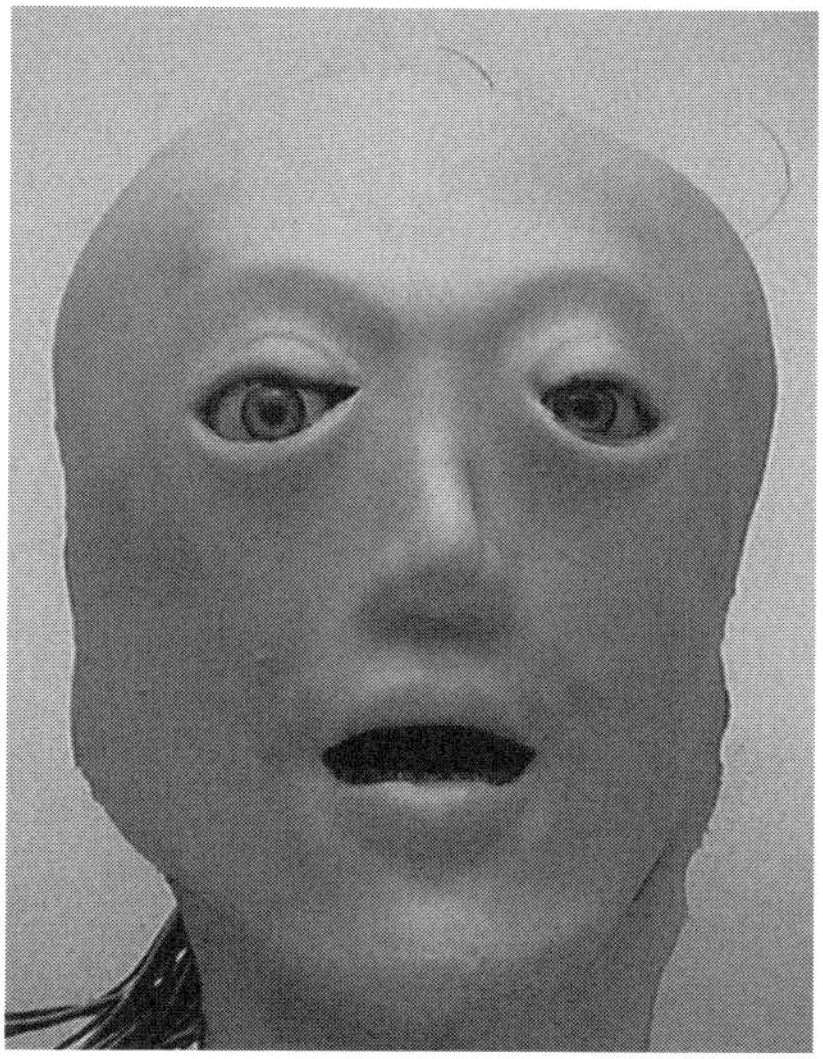

図4-20　驚きの表情

## ロボットに感情がつながった

このロボットは基本感情6表情の表示はもちろんのこと、顔の上方と下方に異なる感情を表示する「複雑な顔」を表せます（**図4-13、4-14～20**）。例えば、怒りと悲しみが混じった表情です（**図4-21**）。学生が研究をしている様子です（**図4-22**）。すると可能となる表情の種類は理論的に30種類となりますが、調査の結果、そのうち16種類が意味のある可能な表情となりました。どうやら悲しみ等のネガティブな感情同士の複雑な表情はヒトにとって認識し難いことがあるようです。

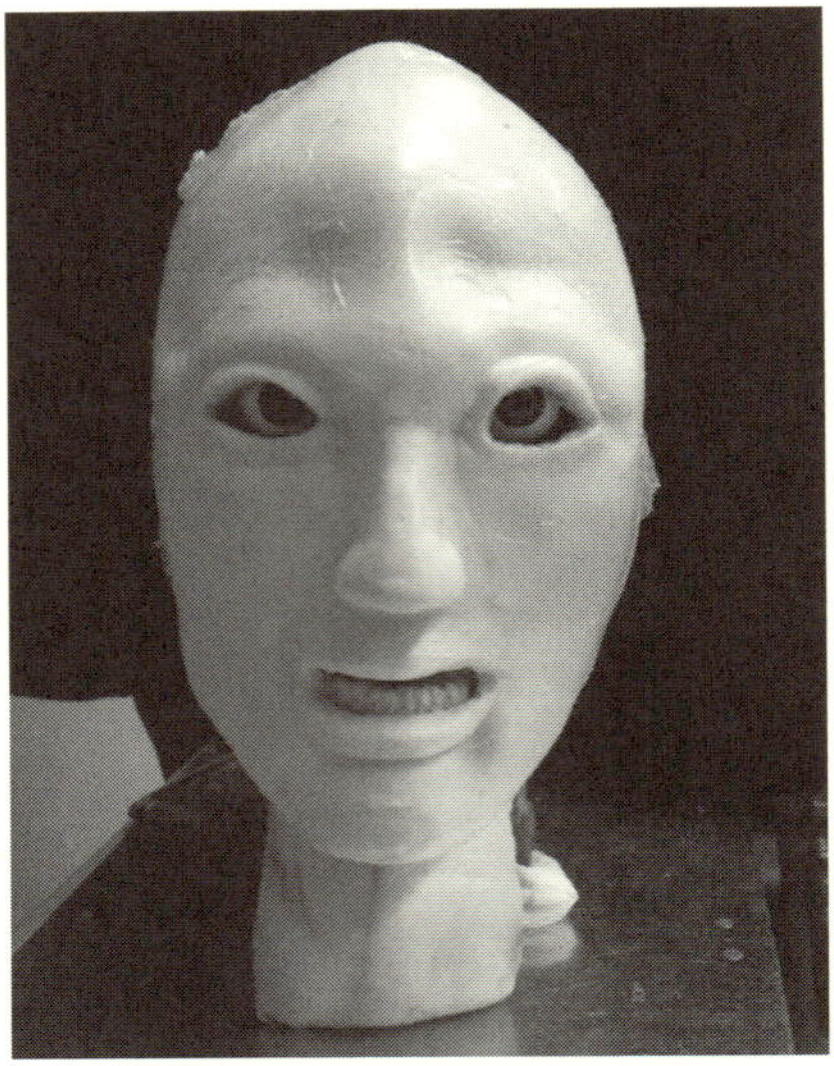

図4-21　怒りと悲しみの混じった複雑な表情

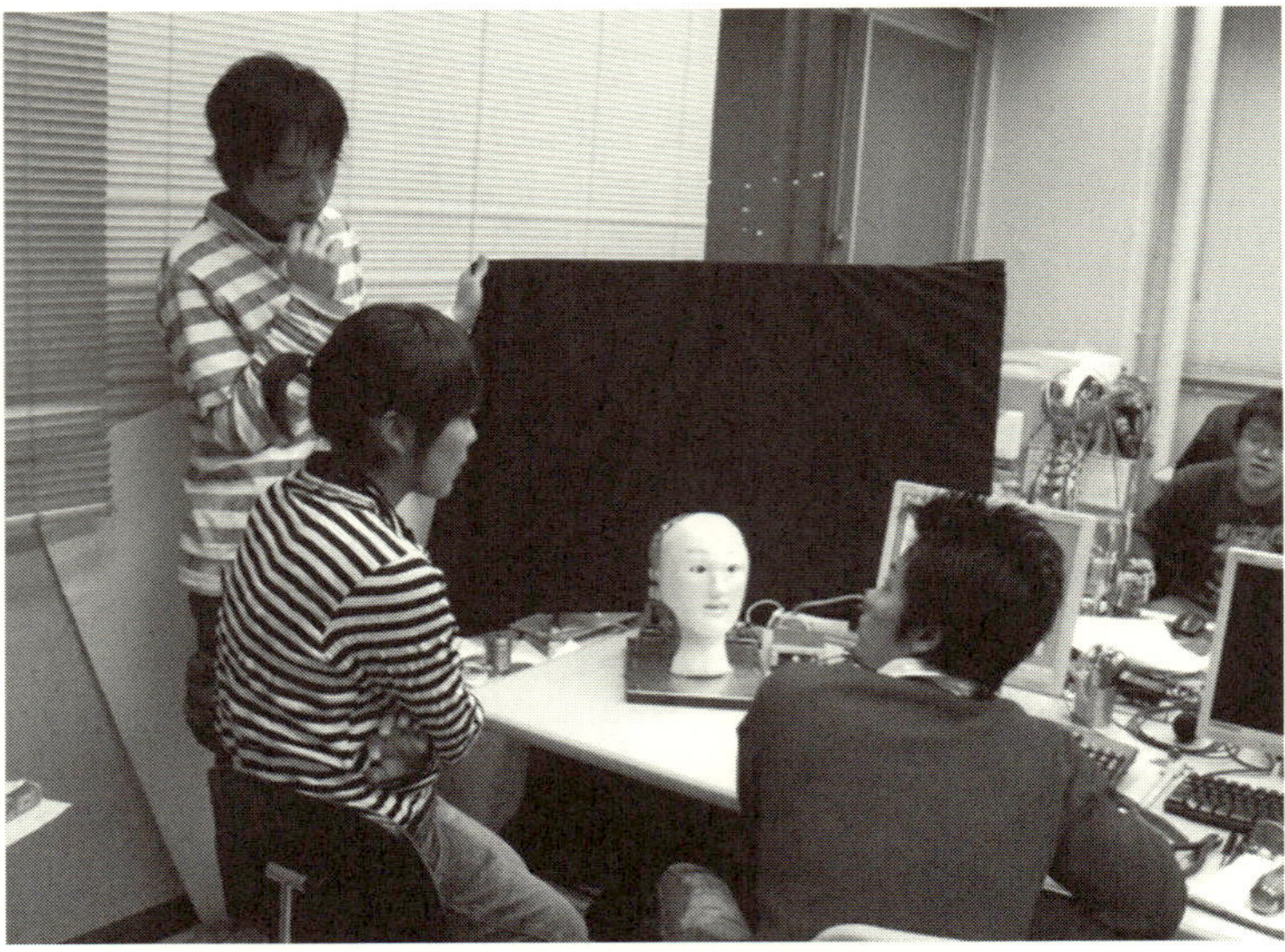

図4-22　KANSEIを使った実験の様子

幾つかの実施例を示します。まず、はじめの言葉として「birthday（誕生日）」を入力します。するとコンピュータがＡＫデータベースの内容を検索し、その言葉に関連のある感情を分析します。すると、５感情の分析結果から、「喜び」の数値がもっとも大きいことから、ロボットは「喜び」の表情を作ります。

もうひとつの例として「love（愛）」という言葉を入力します。すると感情の分析によると「喜び」「悲しみ」「嫌悪」の三つの感情に高い数値が計算されました。この中で、このときは「嫌悪」の数値が「喜び」の数値と比べて僅かに高い値となりましたので、ロボットは「嫌悪」の表情を作りました。また、「**ジェット・コースター**（roller coaster）」という言葉の入力に対して、「恐怖と喜び」の混じった複雑な顔表情、すなわちスリリングな顔表情を作り出しました。

このロボットは、ちょっとした手違いから「**KANSEI**」と名づけられました。ＫＡＮＳＥＩとは日本語の「**感性**」という意味の英単語にあたります。この名づけ親は、アメリカのディスカバリー・チャンネルの女性レポータでした。そして彼女が世界中に「感情につながっているロボット（Robot In Touch with Its Emotions）、ＫＡＮＳＥＩ」と報道したのでした。それは２００５年9月2日でした。

幾つかの言葉の入力に対する感情の計算をここに示します（**表4-1**）。

読者のみなさんの感覚とは異なっているところもあると思いますが、比較的よく表現されているので

| 英単語 | 日本語 | 感情的な意味 |
|---|---|---|
| hairy | 毛深い | 嫌悪 |
| beautiful | 美しい | 喜び |
| fat | 太っている | 嫌悪 |
| Star Wars | スターウォーズ | 恐怖 |
| Die Hard | ダイ・ハード | 嫌悪＆恐怖 |
| Back to the Future | バック・トゥ・ザ・フューチャー | 嫌悪 |
| Roman Holiday | ローマの休日 | 喜び |
| Rocky | ロッキー | 恐怖 |
| Love | 愛 | 嫌悪 |
| Pele | ペレ | 恐怖 |
| Chaplin | チャップリン | 喜び |
| DiCaprio | ディカプリオ | 喜び |
| ichiro | イチロー | 怒り |
| Madonna | マドンナ | 嫌悪 |
| Barry Bonds | バリー・ボンズ | 悲しみ＆嫌悪 |
| Tiger Woods | タイガー・ウッズ | 恐怖＆嫌悪 |
| Bill Gates | ビル・ゲイツ | 嫌悪 |
| Sony | ソニー | 嫌悪 |
| Gandhi | ガンジー | 恐怖 |
| Napoléon | ナポレオン | 悲しみ＆嫌悪 |
| Audrey Hepburn | オードリー・ヘプバーン | 喜び |
| Maradona | マラドーナ | 怒り＆恐怖 |
| Romance | 恋愛 | 喜び＆恐怖 |
| Donald | ドナルド | 悲しみ＆嫌悪 |
| Michael Jackson | マイケルジャクソン | 恐怖＆嫌悪 |
| China | 中国 | 嫌悪 |
| United States of America | アメリカ | 悲しみ |
| India | インド | 嫌悪 |
| London | ロンドン | 嫌悪 |
| Italy | イタリア | 悲しみ |
| New York | ニューヨーク | 嫌悪 |
| Chanel | シャネル | 喜び |
| Louis Vuitton | ルイ・ヴィトン | 喜び＆恐怖 |
| gucci | グッチ | 恐怖 |
| dream | 夢 | 嫌悪 |
| badness | 悪 | 嫌悪 |
| homicide | 殺人 | 悲しみ＆恐怖 |
| Happy | 幸せ | 喜び＆悲しみ |
| Kiss | キス | 恐怖＆嫌悪 |
| happening | 事件 | 恐怖＆嫌悪 |
| man | 男 | 悲しみ＆恐怖 |
| woman | 女 | 悲しみ＆嫌悪 |

表4-1　英単語とインターネット上での意味

はないでしょうか。

さて、ＡＫデータベースの今後の発展について述べましょう。ＡＫデータベースは、現在英単語の50万語を登録しています。そして、そのうちの一つの単語とその他のあらゆる単語（50万−1単語）それぞれとの関連性の数値が格納されています。また、任意の二つの単語を見てみましょう。すると、単語1から単語2への関連性の数値a、単語2から単語1への関連性の数値bがそれぞれ格納されています。一般的に数値aとbは異なります。例えば「dog（犬）」という単語から「poodle（プードル）」という二つの単語では〝dogからpoodle〟への関連性の数値は〝poodleからdog〟への数値と比べて少ないのです。

また、それぞれの単語には感情に関わる分析の情報も格納されています。感情の分析は、感性値の評価と名づけています。感性値の評価とは、エックマンが述べたヒトの基本感情（喜び、悲しみ、怒り、恐怖、嫌悪）のそれぞれの評価値を計算することをいいます。

この計算はそれほど難しくありません。なぜなら、すでにＡＫデータベースには一つの単語に関連のある感性因子となる感情に関わる単語すでに登録されているからです。すなわち、感性値の評価は一つの単語に関連がある感情に関わる単語の分布を計算すればよいのです。もちろんこの計算には関連性の数値が評価に利用されます。概していうなら、ＡＫデータベースは、**完全有向性グラフ**（Complete directed graph）であって、**有向辺**（Directed edge）の**重み**（Weight）が関連性の数値となります。

**ノード**（Node）が単語にあたります。またその単語はそれぞれが感性値の評価値をもつ**構造体**（Data structure）にリンクをもっているということです。

私はこのAKデータベースがヒトの意識や感情を模倣する基盤になると考えたのです。なぜなら、先にも述べましたが、ヒトの意識は言葉によって基礎づけられているという考え方があるからです。また意識は感情に深い関連があるという考察があるからです。

私たちが「海」のことを心に思う、意識する、ことを考えてみましょう。そのとたん、「空」「砂」「魚」「サンゴ礁」「太陽」「夏」「海岸」等が心に浮かびます。どのような「海」であるか、ヒト様々でしょうが私なら「**式根島**（Shikine Island）」を思います。

式根島は東京都にある直径が４㎞ほどの小さな島です。伊豆七島、東京湾からアメリカに向かって大小７つの島が並んでいます、大島、利島、新島、神津島、三宅島、御蔵島、八丈島です。式根島はちょうど真ん中にある新島に属した島です。私が大好きな島の一つです。東京から非常に近くに位置していますが、海岸は白砂で、松林に囲まれて隠されているような小さな入江がたくさんあるのです。海岸の磯に行けば、そこには蟹や貝が遊んでいます。海に潜れば、そこには熱帯魚のような小魚が素早く走り回っています。時々大きな回遊性の魚が小さな入り江に侵入して泳ぐ人を驚かせます。頭を上げて沖を見れば、小さな釣り船がゆっくりと進んでいきます。単なるリゾート地とは思えないような不思議な風景です。何か日本の古の風景がそこに留まっているような懐かしさがあります。最近、外国人がその魅力に気づいたのか、海岸で見かけるようになりました。式根島は大学のゼミ旅行で毎年のように出かけたのです。

このように私の意識は「海」から「式根島」に飛んで行ってしまうのです。これは私の経験の中で、「海」に関連の深い事項が次々と心に浮かんだ結果と考えられます。

まず、これならAKデータベースでも実現できます。なぜなら、このデータベースには単語と単語の関連性のデータがあるからです。また、「海」を心に思ったときの、気持ちのよい感じもあります。これもAKデータベースで実現できそうです。なぜなら、「海」という言葉には感情の評価が計算できるからです。

私は、このデータベースからヒトの意識を模倣できないかと考えたのです。いま、「海」の例で述べたように、私の意識は私の記憶の中からもっとも関連の深い「事項」を時間の経過に伴って次々と結びつけたのです。ここで記憶している事項とは、私は記憶の中にある「概念」であると考えたのです。そうであるなら「概念」は「言葉」と直結していることに注意してほしいのです。「言葉」にできない「概念」もあり得ますが、しかしその概念を他のヒトに説明する場合は幾つかの言葉を使って説明するのです。例えば、お団子を食べたとき、その味を「甘酸っぱい」と表現したとき、それは「甘い」「酸っぱい」という二つの概念の利用があったのです。しかし、この例では「甘酸っぱい」という一つの概念として成立しているようにも思えますが、その成立には二つの概念の利用であったわけです。このように考えたとき、「海」という言葉から、記憶にある複数の概念が、すなわち複数の「言葉」が出力したこととなります。これをＡＫデータベースで模倣してみましょう。キーボードから「sea（海）」を入力すると、連想する単語が次々と変化しました。このとき、直前の言葉には遷移しないように連想を続けています。この連想の推移に基づいて、ＡＫデータベース内の単語アクセスの状況は「**意識の流れ**（Stream of consciousness）」の一つの表現と考えられます。そして、ＡＫデータベースを利用すれば、この意識の流れに従った感情の時間的な変化を表現することができます。

この表現を利用して、ロボットが自ら発言する、いいかえればロボットの自我が話し出す研究やヒトとロボットの自然な会話を実現したり、そこでは冗談や皮肉のような表現や理解ができると考えています。

この章では、ヒトの意識や感情を模倣するための一つの方法を紹介しました。ヒトの意識の基本が「言葉」にあるという考えです。インターネットの巨大な情報を利用してヒトの使っているほとんどの「言葉」を収集しました。英単語では意味ある言葉の数が50万個程度とわかりました。それから、一つの文章に利用されている言葉のすべてが関連性をもつというアイデアから、インターネットのＷｅｂページの文章を検索することによって、言葉と言葉の関連性の数値を計算しました。また、一つの文章に書かれている、感情に関わる言葉、これを感性評価因子という、がその文章にどの程度含まれているかの分析をすることによって、言葉と感情の関連性を計算しています。言葉と言葉の関連性が計算できていますので、一つの言葉から次々と関連のある言葉を出力することができます。また、この言葉の推移から、その言葉に関連のある感情が時間とともに推移しています。言葉とその感情の推移とはヒトの意識の重要な性質を模倣していると考えられます。このようなインターネットの情報を利用してヒトの意識の基本的な情報を構築する手段は、**インターネット意識データベース**（Internet Consciousness Database）と名づけました。

そして、アルミによって頭蓋骨と頸椎を作り、その頭蓋骨にヒトの顔を模倣した人工皮膚をかぶせてロボットの頭部を作りました。そして、複数のサーボモータでその人工皮膚を牽引することによって、ロボットが感情的な顔表情を作ることができるようになりました。

さらに、筆者の開発したＡＫデータベースとこのロボットをシステム的に統合することによって、言葉に感情的に反応するロボットを作りました。このロボットは世界で初めての開発となります。それはアメリカのディスカバリー・チャンネルが世界に向けて報道しました。

# 第 5 章

# 鏡の中の自分に気づくロボットを作る

## —ロボット自我の実現に向けて—

CHAPTER 5

図5-1　鏡の中の自分

読者の皆さんは、「鏡の中の自分」に**気づく**（Aware）ことがありますか。

玄関にある鏡、化粧室の中、お風呂場、寝室、レストランの壁、電車の中でお化粧をする女性、道路の角に丸い鏡、それに最近はエレベータの中でよく鏡を見ます。鏡は町の中よりも家の中に圧倒的に多いようです。鏡は私たちの身の回りにたくさん見られます。曲がった鏡、まっすぐな鏡いろいろありますが、私たちは真っ直ぐな平面の鏡をよく使います。そして、不思議なことに、その鏡が素晴らしくそっくりな映像を映し出していることを理解しています。

曲がった鏡は、狭い道路の角に立てられている**交通安全鏡**が有名です。また、**反射望遠鏡**は曲がった鏡を望遠鏡内に組み込んでいます。曲がった鏡はできるだけ多くの像を集めるように利用されていますが、この話題はここではあまり触れないことにします。なぜなら、平面の鏡こそ面白い謎をいっぱいもっているからです（図5－1）。

## ナルシスは自分の姿に惚れた

おそらくヒトは原始の時代から鏡の不思議な働きを理解していたのではないか、と私は推測します。それは、地球には水が豊富にあることと、ヒトは生きるために水が必要なことから、すぐ想像できることです。ヒトは水を求めて彷徨って川や泉にたどりついたはずです。そこで、泉の中にヒトが見たものは、さかさまに見える樹木や山々、そして目の前には仲間によく似た姿です。このとき、木々や山々が泉の中に写されているという判断は、それらがさかさまであったとしても、比較的容易であったと推測します。なぜなら、それらをすぐ目で比較できるからです。雲の形や木々のざわめきがその判断を容易にしたことでしょう。

あるものとほかのものが同じであるか異なるかという比較は、原始時代のヒトにでも容易にできていたと思います。なぜなら、食物を食べるときに「これは食べることができるが、これはできない」という比較が、生命の存続に是非とも必要だからです。この時代には、比較する機能がヒトにとって基本的で重要な認知機能の一つであったとするのが妥当です。

泉の底をよく見透かすと、そこには木々や山々はなく、小石や砂の上を泳ぐ小魚が見えるだけです。このことから、ヒトは泉の表面では何かが写されている、真似されているだけだと考えたことでしょう。

そこに、新たに仲間が加わったことを想像してください。

泉の向こう岸から、私に向かって手を振りながら声をかけてくる仲間がいます。そこで、泉の中にはさかさまになった友人がこちらに手を振っています。そのさかさまな友人は声をかけている友人が泉に移し取られた何かであると私は気づきます。なぜなら、像はさかさまですが、その両者を目で比較できるからです。

その仲間は泉を周りながら私の近くに歩み寄りました。歩み寄ってくる姿は一刻一刻と泉の像と比較され、泉の何かとは友人の写し、真似であると確信したことでしょう。

なぜなら、泉の底には小さな石と魚がいるだけですから。

彼は、手を私に差し伸べています。私も手を伸ばして迎えました。そのとき、泉の中の何かはその行動をそのまま真似したことであることに、私は気づきました。そして、そのとき、泉の中に2人の友人が写されていて、その一人は新たに加わった友人であることがわかったことでしょう。

しかし、そこにもう一人の仲間が見えていて、それは何かという問題が生じます。池面の写しが友人であるなら、目の前のもう一人の友人は私の写しであると推測したことでしょう。しかしこれは確信されることが難しいと判断できます。なぜなら、隣の友人は池の向岸に表れたときから、ずっと目で比較をして確信の度合いが非常に高いけれど、もう一人の友人は手や足の部分では何らかの僅かな確信を与えるだけで、決定的な証拠を得ることができないからです。

この問題は、まだ明快な答えを見いだせていない謎なのです。

この問題をロボットによって解いてみようというのがこの章の内容です。

歴史的にこの問題は、ギリシア神話の**ナルキッソス**（Narcissus）の話や、**イソップ**（Aesop）寓話に出てくる「肉を咥える犬」の話（これもギリシャの起源です）によく表されています。ともにテーマは鏡の神秘性でしょうか。

ナルキッソスの話とは「日本では**ナルシスの話**」として知られています。青年が池に写る美しい青年に恋をする話です。その美しい青年とは、もちろん池に写った自分自身で、その姿に恋焦がれてその池に身を投じたという悲しいお話です。このとき、ナルシスはその美しい青年が自分自身であると知っていたのか、が問題となります。話では、「知っていたがどうしても避けられない超自然的な力が働いたこと」になっています。すなわち他人を愛することができず、自分自身だけを愛する青年の悲劇となります。この話が**ナルシズム**（Narcissism）、「**自己愛**」の起源です。

イソップの寓話は皆さんご存じと思います。肉を咥えた犬が川に架かった橋の上を通りかかりました。そのとき川の中に肉を咥えたもう一匹の犬を見つけて吠えかかりました。しかしそのとき、咥えていた肉は川の中にドボンと落ちてしまったのです。これは、犬がヒトとは違って、川に写る自分の姿に気づくことができず大切な肉を失うことを笑い話として伝えているのです。ヒトは川に写る自分の姿に気づくことができるという高い知性をもつ存在であることを伝えているのでしょう。

ナルシス青年は池の中に自分の姿が写っていると知りながらも、その姿に恋焦がれ自らの命を断つ話ですから、程度の問題があるにしても、ギリシア時代からすでに悩み苦しむ心の存在を示唆していたとも思えます。これを病的と表現することには、少し私も悩みます。なぜならばごく一部のヒトはこの話を「美の殉教者」、すなわち美に命を捧げている話と捉えているからです。またこの話は鏡の不思議な能力を伝えてもいるのです。

これらの二つの話は共に実際あり得そうな際どさをもっています。

この話についてはいろいろな議論があると思いますが、私は非常に重要な論点が「ヒトは鏡の中の自分に気づくことができること、そしてそれは犬などの動物に比べて知的に優れている」という点です。さらに、「知的なヒトはさらに知的な先に心の苦しみをもつ」という問題です。

この話は、ヒトが2000年以上も前から、鏡に写る自分に気づいていて、それはいったい何だろうかという不思議な気持ちを抱いていたことを、現代の私たちに伝えています。

この問題は、20世紀前半における哲学者**サルトル**（Jean-Paul Charles Aymard Sartre, 1905-1980）などの実存哲学者や精神心理学者の**ラカン**（Jacques-Marie-Émile Lacan, 1901-1981）によって考察されるまで、ずっと不思議な話としてのみ紹介されただけでした。

## 私とあなた、そして…

サルトルはヒトの**自由なる存在**の基盤として自己実存を主張しました。これは**実存主義の哲学**(Existentialism)として知られています。実存主義の基盤は、デカルトの哲学があり、ライプニッツやカントの認識論そして**フッサール**(Edmund Gustav Albrecht Husserl, 1859-1938)の現象学、その後**ニーチェ**(Friedrich Wilhelm Nietzsche, 1844-1900)の**虚無主義**(Nihilism)に影響を受けつつ**ハイデッガー**(Martin Heidegger, 1889-1976)の**観念哲学**に引き継がれていきました。彼らは最後に「神を否定して自己の存在を肯定する」立場を主張したのです。

デカルトの哲学は、「考えている自分がいる」という**自己存在の肯定**であり、ライプニッツによる体系のある世界の解釈、カントによる対象世界の**認識可能性**の考察、またフッサールの主観的な認識に基づく**実証科学主義**の構築、そしてニーチェによる**神の否定**とハイデッガーによる世界の解釈などに続きました。

これらの哲学者たちが関心をもったのは、「**自己**(the self)と**他者**(the other)、そして**神**(God)」とは何だろうかという問題、広くいえば「ヒトの生きる世界」とは何であろうかという疑問、であったのです。

神については第一次・第二次**世界大戦**という未曽有の悲惨さのなかで、神を信ずる者も信じない者も等しく悲惨な状況を経験したことから、「神の否定」を選び取った実存主義者たちは「生き生きとした**自己の実現**」を目指したのでした。彼らの中心テーマは、「神」を振り切って「自己と他者」でした。実存主義者は「生き生きとした自己の存在」を肯定しました。しかし、その後科学の進展が一層進み、**構造主義**（Structuralism）が現れました。構造主義は「自己の存在」を「世界」に対する相互的な関係と捉えるとしました。そして、この思想の流れは**ポスト構造主義**（Post-structuralism）に移り、「自己の存在」も「世界の存在」もその実体は確実にとらえられるものはないと彼らが断定するに至りました。

このように「自己の存在」はデカルトから始まって実存主義により高揚し、科学的な観点から「何もない」というポスト構造主義に至りました。

しかし私は「考えたり、感じたり、ヒトを愛したり、楽しんだり」する私が「何もない」とは思えず、自己の存在を確実なものとできる科学的根拠はないのだろうかという問題を考えてみたのです。

これまで、私は「自己」と「自分」という言葉をあまり区別せずに使ってきましたが、ここで少し説明を加えます。

「自己」とは主観を支える精神的な実体として、「自分」とは、「自己」に肉体を加えた存在として取り扱っています。

## ミラーステージ仮説

フランスの心理学者である**ジャック・ラカン**はヒトが幼時から大人に成長するにあたって重要なステップとして「**鏡段階**（ミラーステージ、Mirror stage）」があると主張しました。それは幼児が鏡に映る自分に気づく時期をいいます。**幼児**は初め「鏡に写る自分」に気づかず、２歳を越える頃、それに気づくといわれています。幼児が気づいているという判定は実験によって示されています。その実験は幼児の**視線**を計測する方法によって測定されました。幼児は初め鏡に写るすべてに視線を向けていますが、しだいに自分の姿に視線を定めていくのだそうです。その時期が２歳頃であり、ラカンがいう「鏡段階」と考えられるのです。

ラカンは「鏡段階」において、ヒトが劇的な変化を見せると主張しています。それは、自己と他者を区別し、それによってヒトが社会性を芽生えさせることができる段階に到達できるとの主張です。すなわち、私はラカンから「鏡の中の自分を認識できる」ことが、「社会性を身につける萌芽となる」との主張をより科学的な手法によって再評価してみたかったのです。

そのときちょうど、私は自分のやってきたロボットの研究にふと疑問をもっていたのです。先にも紹介しましたが、私は大学でロボットを研究し始めたときに、目をもったロボットに興味をもっていました。それは1980年頃です。その頃は、ちょうどマイコンが市場に出てきた頃でした。大学にはすでに、大型のコンピュータが大きな部屋一杯のスペースを占めていましたし、ミニコンを使って学生にプログラミングの教育も行われていました。そこに、机に載せることができるような小さなコンピュータ、マイコンが出現してきたのです。それとビデオカメラを結合して、モータで動かすことができるならば、視覚で動くロボットを作れると考えたのです。私は2台のカメラをロボットに搭載して、ヒトのような2眼、すなわち立体の情報を計測しながら動かそうとしました。そして、およそ10年かけて数台の移動ロボットを作りました。世界のロボット研究の中でも早い時期に成功を収めたのです。

それは**立体映像**による、移動する障害物に対する衝突を回避するロボットでした。さて、それができあがってみて私は「これはロボットが本当に見ている」ということだろうかという疑問が生じたのです。確かにロボットは様々な動きをする障害物に反応してぶつからないように動くことができました。しかし、ロボットの中では信号が流れているだけで、そこに**意志**や**気持ち**、**感情**、**思考**などは一切説明できないのです。

そこで、私はロボットがヒトのように見ることができるようになるためには、意志や気持ち、感情、思考等を説明可能とするプログラム、「**意識のプログラム**を研究する必要がある」と思ったのです。それは「**意識するロボット**」の研究です。前章の「**言葉から感情的**（Emotional）**に反応するロボット**」

はこの研究の一つです。

私は、哲学者、心理学者、脳科学者、情報科学者、数学者等の知見から、ヒトの意識の核になるようなプログラムを作ってみようと思いました。

ヒトの意識がプログラムで表現できるという私の考えには、多くの人が嫌悪を表明します。しかし、ヒトの**行動**（Behavior）や**認識**（Recognition）がヒトの脳と身体とを結ぶ**神経回路網**（Neural networks）によって実現されているのなら、その神経網を人工的に模倣するプログラムである**人工神経回路網**によって原理的に表現できるということが私の考えです。すなわち、人工のニューラルネットワークを用いてヒトの意識のような機能を機械上に実現しようとする研究が「**人工意識**（Artificial consciousness）**の研究**」といえます。もちろん、この基本の考えは多くの研究者が認めるところであります。しかし、問題はこのプログラムが「行動や認識」を実現するだけではなく、私が「**意識の核**」を実現すると主張しているところです。これは「意識」とは何か、という問題が明確に提案されない限り、ぐるぐる回り続ける**無限ループ**（Infinitive loop）の論争となってしまいます。なぜなら、ヒトはまだヒトの意識について明確な定義を定めてはいないからです。このような問題は実はそこいらじゅうに転がっています。例えば、「宇宙とは何か？」などがあります。しかし、このような問題であっても、「物理学や数学を駆使しながら、宇宙船を飛行させせながら」一歩、一歩、その謎を解き明かしているといえます。

「意識」についても、ぐるぐる回りながらも理解を進めていく必要があると私は考えたのです。

## 自分に気づくロボット

そこで私は、その第一歩としての目標を定めました。それは「**ロボットによる鏡像認知の実験**」を成功させるプログラムを作ることでした。

そのプログラムを動かすと、ロボットは鏡の前で動き、鏡に写る像に反応し、それを自己像であると判定するのです。ラカンのいう鏡段階をロボットに実現させてみるのです。そうすれば、そのプログラムから私たちは様々な知見を得ることができるであろうと予想しました。もちろんヒトの「意識」に関する知見もそこから得られる可能性が高いのです。

さて、「意識」と「行動や認識」について考えてみましょう。認識という言葉は**認知**（Cognition）という似た言葉もありますが、後者はヒトの行う認識について使われることが多いようです。私はそれらの関係を考えてみました。

「行動や認識」は「意識」と深い関わりがあります。なぜなら、「意識的に行動する」という言葉の使い方があるからです。また、認識も「意識的に認識する」との表現も使います。この表現は「認知」という言葉に近いと感じます。さらに、逆に「行動を意識する」との表現があります。「認識を意識する」

もあります。

これらの例が示すように、「行動や認識」と「意識」という言葉は相互に機能を強め合うように使われているのです。

そこで私は「行動や認識」と「意識」の不思議な関係に気づいたのです。この不思議な関係を、言葉で表現できないものかと私は考えたのです。

そのとき、頭の中に浮かんだ言葉が、**「認知と行動の一貫性が意識の源泉である**（The consistency of cognition and behavior is the origin of human consciousness.）」というフレイズでした。ここで、認識を認知といい変えましたが、この方がなぜかピッタリときたからです。すなわち「認知と行動の一貫性」が「意識」発生の基盤になっているという意味です。

このように「意識」という現象をとらえると、非常にわかりやすくなるのです。例えば、「意識すること」とは「行っていることが理解されていること」といえますが、これは私たちが「やっていることをわかっている」という表現と同じです。また、「考えていることは行っていることと同じ」ともいえます。これは「頭の中である行動を考えると、あたかも身体が実際に行動するように感じること」といえます。

私は、「意識」に「行動と認知」との奇妙な関係を感じたのです。この考えから、「認知と行動の一貫性」を実現できれば「意識」を生み出すことができるかもしれないと思いついたのです。

「認知と行動が一貫している」状態をニューラルネットワークで作るとは、どういうことでしょうか。私は、ヒトの意識が何か物質的なものとして実現できるのではなく、それはネットワークから生じるある状態として実現できるのではないかと昔から思っていました。

それは「一貫している」状態のことです。

そして、それは情報が循環するものとして実現されるはずです。要するにニューラルネットワークの中を情報がぐるぐると回っていて、その情報がある一定の状態パターンに安定することです。あるシステムが「認知の情報」「行動の情報」と「安定した状態パターン」の中を一貫して情報が流れていることです。

このとき、「その情報のパターン」という「意識した状態」が「その行動を認知している状態」と等価となり、その意識した状態を記号で「**表象**(Representation)」するのです。したがって、一つの表象が発火(Ignite)するときはニューラルネットワークの「認知と行動」が一貫していることを示し、また逆にそのニューラルネットワークの「認知と行動」が一貫するような状態となれば、そのとき「ある表象」が発火するのです。

一般にいえば認知とは「**入力信号**(Input signal)」であり、行動とは「**出力信号**(Output signal)」のことです。この一貫する情報の流れが「意識」という名に相応しいのは、このニューラルネットワークが「認知や行動」に関わる入出力と接続されているときです。認知とは例えば、身体にある**感覚器**、

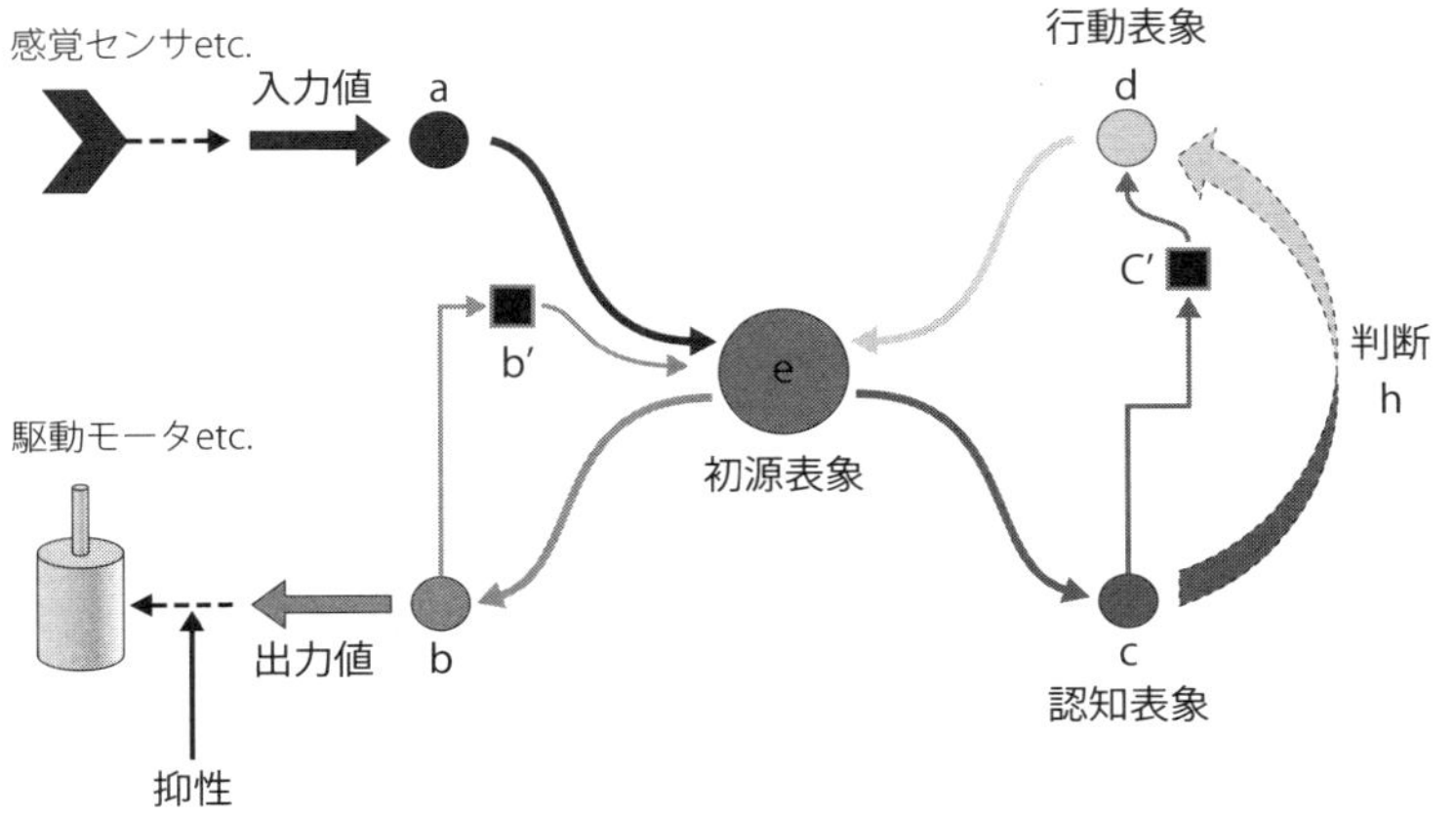


図5-2　意識モデルMoNADの説明図

行動とは例えば**駆動モータ**などです。

## ヒト意識のモデルを考える

このニューラルネットワークを図的にモデル化すると、以下に示す通りです（**図5－2**）。

外見的には、二つの循環する**閉路**（Closed circuit）が見えます。b－b′－eとc－c′－d－eという閉路です。この二つの閉路はeで同期しています。このとき、eは**初源表象**（Primitive representation）と呼びます。そしてcを**認知表象**と呼びます。これはeが認知表象cを得るための元の情報を提供するからです。また、dは**行動表象**と呼びます。dは次の行動を生み出す指令となる機能をもつからです。さらに、dはMoNADが期待する次の状態という意味もあるので、一種の「**予期**」、あるいは「期待」という情報でもあります。

ついでに、もう少し説明を加えておきます。aは入力端子、bは出力端子、b′とc′はそれぞれ、b、cの値を一時的に保持する一時記憶素子です。b′は行動の記憶を、cは認知表象の記憶を次の処理のタイミングまで保持します。

もうひとつ、MoNADが一つの入力・出力を行い、次の新たな入力・出力の値が決まるまでの期間は認知行動サイクルといいます。この値は、機械がもつ基本的な処理速度に依存します。そして、このサイクルがMoNADが処理できる最小の時間間隔を決めます。いい方を変えれば、この時間間隔より短い時間による環境やシステム内の変化は、検知不可能となります。先ほど説明した「**一貫性**(Consistency)」とは、この二つの閉路がeで情報が同期していると説明できます。

このモデルの働きを説明しましょう。このシステムの処理は入力値がaへ信号が与えられることから始まります。また、そのとき同時にシステムから出力値がbから出ます。b′はbの出力値が複写され、次の入力のタイミング(認知行動サイクル)に合わせて値を待機させています。bで出力値が決まるときには、認知表象(Cognitive representation) cも同時に決まります。cの値は、他のシステムhへ渡される情報となると同時にc′へ複写され、次の入力のタイミングに合わせて値を保持します。次の入力タイミングを考えてみましょう。新たな入力値がaに入り、b′の値とdの値が同時にeに投入され、ニューロ演算の結果bの値とcの値を決めます。ただしdの値は、hから新たな情報が与えられないならc′の値となります。与えられたなら、その新たな情報をdの値とします。この意味は、MoNADは基本的にその内部で生み出した予期（行動指令）c′の情報を次の行動として採用しますが、外部のＭｏＮＡＤや他のシステムｈから新たな予期ｄを与えられた場合は、そちらの情報を採用します。内部の意見と、外部の意見が衝突した場合は外部を採用するという意味になります。第三者機関の監督下にあることになります。

このニューラルネットはいまヒトによりすでに学習されていることを前提にしています。**教師学習**（Supervised learning）をすでにすましているということですが、この部分は将来自動化する予定です。すなわち、このモデルは行動ｂを決めるために、新たな情報ａ、一つ前の行動記録ｂ′、そして行動表象（Behavior representation）ｄという3種の情報を利用しているのです。また認知表象ｃも同様の3種の情報を利用して決まります。繰り返しになりますが、ｄは一つ前の認識表象ｃ′の値であるか、ｈから渡された新たな情報のいずれかとなります。

## 無限マークの二重ニューラルネットワーク

私はこのモデルを**モナド**（MoNAD : Module of Nerves for Advanced Dynamics）と呼び、この二つの閉路をもつ構造を**モナド構造**（MoNAD structure）と呼んでいます。モナドという言葉はライプニッツの著作「**モナドロジー**（Monadologie）」という言葉から借りています。なぜなら、「モナドは物質ではないが単一で最小の霊的な存在」と主張するライプニッツの考えと、私の主張するこのモデルがよく似ていると感じたからです。

さて、ＭｏＮＡＤの特徴をいくつか説明しましょう。

まず、第一にこのシステムは認知を処理するプログラムと行動を処理するプログラムが交差していま す。前出の図５−２のｅの部分が**交差部**です。このシステムに刺激がａに入力されると、その刺激は信号としてａ−ｅ−ｃと処理が行われます。その処理結果はｃに現れます。また、このシステムが起こす行動はｄの信号がｄ−ｅ−ｂと処理が流れて、その結果はｂに現れます。要するに、ａに刺激が与えられると、ｂに行動の信号が出るのです。このようにいうと、このシステムは単なる入力値に対して反応するだけかといわれてしまいそうですね。その通りですが、この反応は単純ではなくて少し複雑といえます。それは、ＭｏＮＡＤが二つの**再帰ニューラルネット**でできているため、反応は過去のプロセスに依存していることや、新たな行動表象が外部の判断ｈからｄに与えられる場合があるからです。**再帰**（recursive）とは情報が循環していることを意味します。いずれにしても、ＭｏＮＡＤはａ−ｅ−ｂ−ｂ′−ｅとｅ−ｃ−ｃ′−ｄ−ｅという二つの再帰的閉路があって、それはｅで信号が同期しているシステムとなります。このときのｅはドイツ観念論の哲学者カントの認識論でいうイメージングに対応する部分といえます。**イメージング**（Imaging）とは「現実の外部世界とヒトの観念を結びつける部分」と彼は説明しています。そこでｅに着目してみると、それは認知を処理する一部であり、また行動を処理する一部でもあることになります。さて、回路の一部が如何なる意味をもつかについてはヒトの**主観的**(Subjective)解釈の仕方に依存しますが、eがそのような意味づけを与えられることに先の説明から異論はないと思います。そうであれば、eは認知と行動の両方に関わる一つ以上の神経細胞群であるといえます。このeは最近発見された**ミラー・ニューロン**(Mirror neuron)によく似ています。そして、eが活性化している状態、発火、は行動と認知の両方が同時に処理されていることとなります。すなわち、eの発火はある行動が行われていると認知している状態を意味しているのです。これは先ほど述べた、ヒト意識の重要な特徴である「行っていることが理解されていること」に非常に近い表現になります。

## ミラー・ニューロンと似ている

さてミラー・ニューロンですが、これはイタリアの**リッツォラッティ**教授(Giacomo Rizzolatti)がサルの脳を研究していて発見しました。サルが「食事をする行動」に関わるニューロンを研究中に、実はそのニューロンが「食事をしているのを見るという認識」に関わっていることを発見したのです。すなわちそのニューロンは行動と認識の両方に関係していることが明らかとなったのです。そのニューロンを私たちはミラー・ニューロンと呼んでいます。ヒトにも同様な機能をもつニューロン群が発見されていて、それは**ミラーシステム**（Mirror system）と呼ばれています。

続いて第2の特徴です。先ほど、ｅは二つの閉路に同期していると述べました。このとき、閉路ｅ-ｃ-ｄに着目して下さい。ｅの発火は続いてｃの発火を促します。ｃを私は認知表象と名づけています。この意味はｅの発火状態をあらたな言語で記号化していることです。これは、ｅの状態の**カテゴリー化**ともいえます。ｅの発火が、認知と行動に関わる直接的な表現となっているに比べて、ｃはそれをさらに幾つかの言語で表現している、カテゴリー化している、ことになります。逆のいい方をすれば、ｃの発火は「ある認知されている一つの行動」を表象していることになります。要するに、ｅとｃの関係は、ＭｏＮＡＤ内における神経細胞の発火状態ｅをさらに抽象化した状態ｃとして表現していることになります。ですから、ここでｅの発火はｃの表象を決める元の情報ですので、これを初源表象と呼んでいるのです。なぜなら、ｅの発火は「認知と行動に同時に関わる生の状態」といえるからです。

さて第3の特徴です。ｄはシステムが希望する次の表象を表します。ｃの情報が複写されたc′をそのままｄの情報として使用するのならば、システムが認知していた表象ｃの情報をそのまま続けたいという意味があります。また、ｄに外部から新たな表象が渡されることになるのなら、そのシステムがその表象に従いたいという意味となります。先にｄは「予期」と表現しましたが、これは一種のシステムがもつ**意志**（Will）の基本ともいえます。

第4の特徴です。再びｄが話題です。第3の特徴から、ｄは一つの**自我**の片鱗ともいえます。なぜなら、dは「私はこのような環境でこのような行動を起こしたい」という情報であるからです。

第5の特徴です。このシステムは自分の行動を認知できます。なぜなら、bの情報はb′を中継して入力aと同時にeに入力されているからです。すなわち、このシステムは自分の行動をb′からの情報から認知できる仕組みをもつからです。

第6の特徴です。このシステムは、何らかの手段で駆動モータにbからの情報を**抑制**（Inhibition）できれば、**内部思考**（Inner thought）が説明できます。閉路d－e－cは内部の**情報循環**であって、eとcの同期的な発火を実現します。すなわち、認知表象cの発火が初源表象eの発火と同期しているということは、外部からの入力aとb′という情報とともに二つの閉路d－e－cとa－e－b－b′に情報が流れシステムが機能します。これはbからの情報が駆動モータに送られないためにシステムは物理的に動きません。しかし、このシステムの内部は機能しているので、これはいわゆる内部思考と呼んでよいと思います。駆動モータへの情報を止める手段は幾つかすでに試作しています。

これらの特徴を見ると、このMoNADがヒト意識のような仕組みの**核**（Core）になり得ると考えます。なぜなら、MoNADは前述のように「環境や他者の行動を認識できる」「自分の行動を認識できる」「表象から行動を起こすことができる」「内部思考ができる」からです。

しかし、読者の皆さんは反論するでしょう。ヒトのもつ「**感情**」はどのように実現するのか、と。また、「**記憶**（Memory）」は？　あるいは「**予測**（Prediction）」は？「**推定**（Inference）」は？「**想像**

(Imagination)」は？「**創造**」は？ そして「**クオリア**(Qualia)」は？ クオリアとはヒトがもつ主観的な**質感**です。例えば「痛み」のクオリアとは、「ずきずき」するような感覚です。

このように疑問はどんどん出てくるでしょう。

「感情」についてはすでに第3章でも述べましたが、この章でも説明を加えます。「予測」や「推定」についてはその萌芽が第3の特徴として考えられます。「想像」は第6の特徴「内部思考」の考えと直結しています。「記憶」については、ニューラルネット自体が記憶装置といえますが、ヒトがもつ記憶能力の各種機能については今後の更なる検討が必要です。さらに「創造」については、その実在についての疑問が残るものの、ＭｏＮＡＤが基本的に表象によって機能する仕組みであるため、「創造」が「既存の表象群」から「新たな表象を生み出す問題である」と捉えれば、ＭｏＮＡＤによる説明が可能であると考えています。

## メカトロニクス・モデル

さて、従来のロボットを動かすプログラムを考えてみましょう。

これは**メカトロニクス**(Mechtronics)・モデルと呼ばれています(**図5-3**)。従来のロボットを動かすためのプログラムはこのようにできています。認識は認識のためだけのプログラム、行動は行動の

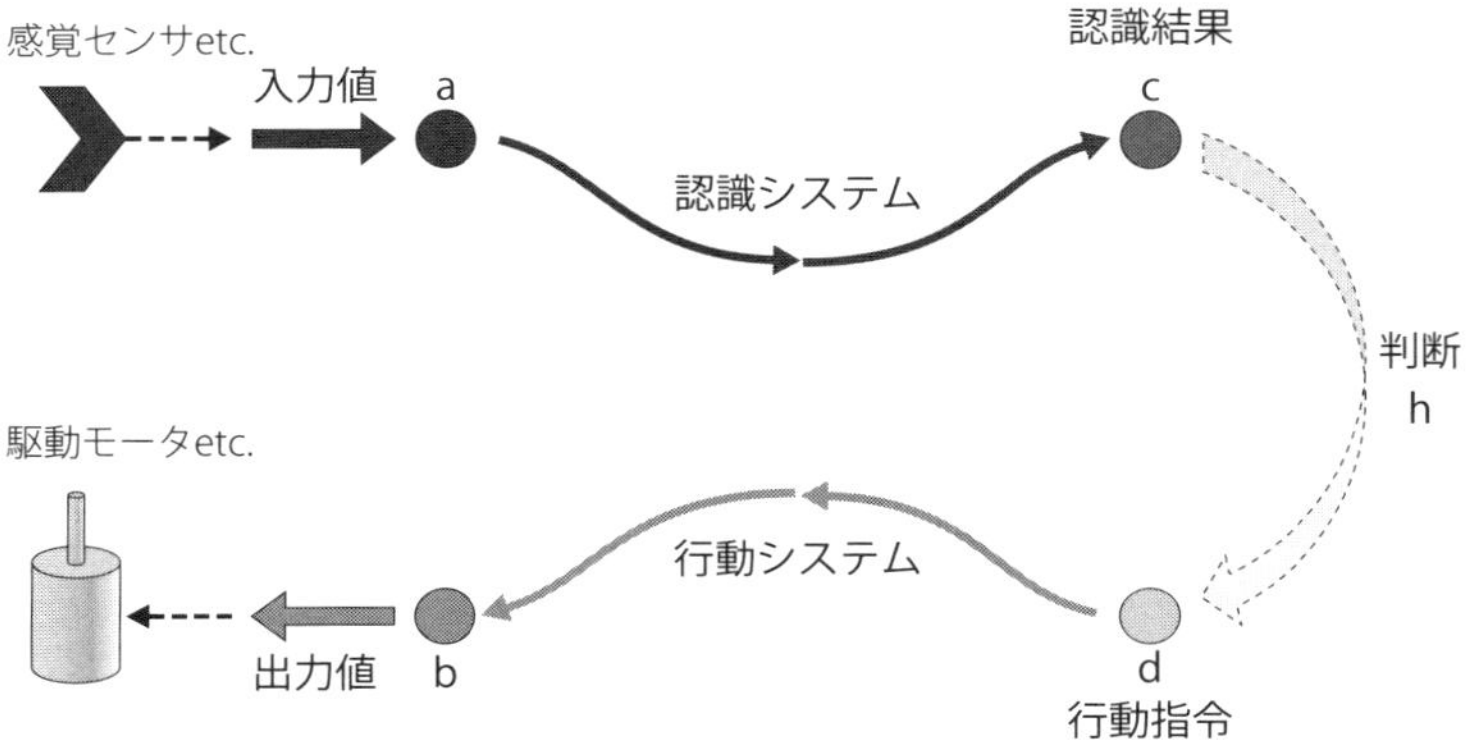


図5-3　メカトロニクス・モデル

ためだけのプログラムというように、それぞれが独立した機能を果たします。

感覚センサから得た情報は入力ａに与えられ、その情報を認識システムで処理を行い、その結果をｃから得ます。次いで、その情報は上位のシステムである判断ｈに渡され、ｈはロボットの次の行動指令ｄを計算します。その行動指令は順次行動システムで解釈し、それを出力ｂに送る。その結果、駆動モータが回転することになります。

このシステムは、大きな1重の閉路といえます。モータによってシステムは動き、その結果環境が変化するので、その変化を感覚センサが読み取るという情報の経路を考えると、1重の閉路です。

この回路は単純でわかりやすいというよい面がありますが、しかしヒトのような高次の認知機能を説明することができないのです。**高次認知機能**とは何かということですが、ヒトが「鏡の中の自分に気づく」という「**鏡像認知の問題**」がその代表といえます。

しかし、このモデルも幾つかの改良が試みられました。一つは、認知と行動のシステムを独立したシステムではなく、お互いに情報を交換することができるように試みています。これは、その後一般的なモデルとしては理論が定着しませんでした。もうひとつは、包摂アーキテクチャです。これはシステムが多種の基本的な行動群を下位から上位まであらかじめ用意しておき、問題解決のために下位の基本的行動から起動します。それでも解決が困難であるならば、上位の行動が起動するという方式となっています。下位の行動とは、「**うろつく**（Wandering）」、その上位には「**衝突回避**（Collision avoidance）」などが並びます。

この設計法は、メカトロニクス・モデルの発展形としてヒトの高度の認知機能を実現できる可能性がありましたが、「鏡像認知の問題」などの具体的な解決はまだ示されていません。

## 自覚をもつロボット

さて次に、ＭｏＮＡＤを利用して「鏡像認知の問題」の解決を試みましょう。

その前に、まずその問題について少し説明を加えておきます。それは、「ヒトが鏡の中の自分に気づく現象の謎」の解明です。この現象は極めて主観的な現象です。気づいているのは自分だけですから、自分だけがその現象を感じることになります。そうすると、すぐにこれは「科学ではない」と叫び怒るヒトがいます。しかし、バスや電車に乗るとそこには必ず一人か二人は**ハンドミラー**で顔を隠しながらお**化粧**をする女性がいます。お化粧をする行為はまさに「鏡の中の自分」に気づいていることから始まっているのです。そして、これこそヒトが自己意識をもつという主張の根拠となっているのです。それは、鏡の中の像が自己の姿であると認識していること、**自己意識**。また他者の気持ちになって自己の姿をよりよく化粧するという、他者を意識することでもあるのです。すなわち「鏡の中の自分に気づく」現象は、ヒトが自己意識、**他者意識**をもっていることの証明であり、そのため、ヒト意識の問題の典型的な例となるのです。

この現象を一言で表すと自覚となります。

そこで次に、鏡像認知はヒトの特有な現象であるかについて考察をします。この問題は「**ミラーテスト**（Mirror test）」という名で有名です。**ギャロップ**（Gordon G. Gallup, Jr.）というアメリカの心理学者が1970年にこれを提案しました。ヒトのような**自覚**がヒト以外の動物にもあるのかを探るために使われました。チンパンジー、イルカ、インド像がこのテストに成功するといわれています。最近、**ヨーロッパカササギ**（European magpie）という小さな鳥が成功するとの報告もあります。

このテストは、動物の身体につけられたマークによって確認されます。そのマークは対象となる動物から直接見えない場所にヒトによりその動物が気がつかないようにつけられます。チンパンジーの例では、麻酔で寝ているときに、匂いがない塗料を使って額にマークがつけられます。そして起きたときに、チンパンジーに鏡を渡して遊ばせます。そして、ある瞬間チンパンジーは鏡の中に写る自分の額に見慣れない色の塗料を発見し、それを手で触るのです。この瞬間にチンパンジーは自覚をもっていると推定するのです。

私はロボットでミラーテストに類似する実験を実施することを考えたのです。ロボットの場合は動物の場合とは異なる点があります。もしロボットがミラーテストを成功させたなら、私たちはそのロボットの**物理的メカニズム**を調査することができるので、その成功を客観的に確認できるのです。ロボットは確かに「鏡の中の自分に気づく」ことができて、そしてそのロボットの主観的な主張を宣言することになります。そして、私たちはその主観的な主張の内容を物理学や数学を用いて客観的に調査できるのです。

私はロボットによるミラーテストでは隠されたマークを利用しません。そのため、誤解を避けるためこの実験を「鏡像認知」と呼んでいます。

さて、私はここで鏡像認知の実験について簡単に説明しておきましょう。まず、この実験はヒトの場合を参考とします。それは、第一に実験をするにあたり、ロボットは自分自身を表す如何なる情報をもちません。例えば自分自身を表す**自己認定コードーD**（Identification code）、や自分の顔の情報等です。なぜなら、ヒトはそのような情報を初めからもっていないからです。誰一人として自分の顔を直接見たことはないはずです。またIDをもっていることなど聞いたこともありません。脱線しますが、私はIDのチップを自分の身体に埋め込むことには断固として反対です。なぜなら、それはヒトが機械へ近づく容易な手段を進めるからです。私の理想は「機械がヒトに近づく」ことですから、いやです。それに、この情報があればこの実験は本質から外れたところで容易に成功してしまって、「鏡像認知の謎」を解くことにならないからです。

次に第二です。ロボットは基本的な動きはできて、その動きを認識できるとしています。要するに、自分がどのように動いているということがわかる仕組みがすでにあると仮定しています。例えば、**前進**、**後退**、**停止**です。この情報は先ほどの図5-2のb′から得て、その認識結果がcの表象という記号の一部になります。すなわち、ロボットはこの表象を自分のシステムのために利用できるのです。また同様に、ロボットの前にある他の対象物の動きも認識できます。これもcの記号の一部になります。なぜ、自分が動いているのに相手の動きがわかるかといえば、それは逆で、先ほどのように**自分の動き**が認識できる仕組みがあるから、**相手の動き**が認識できるのです。

ヒトの幼児は、普段から手や足を盛んに動かしていることが観測されています。鏡の前では鏡の中の像に対して、同じく激しく動いていることが観測されています。幼児は鏡の中の像をまだ自分であると判断していないはずですが、その動きは十分ではないでしょうが認識はできています。なぜなら、幼児に手を差し出すと、幼児はそれに協調するかのように手を伸ばすことができるからです。これは**見真似**

**行動**（Imitation behavior）という幼児の特殊な行動と関わりがあります。

第三に、ロボットは見真似行動ができるようにプログラムされています。見真似行動とは、「見た通りに直ちに行動できる」ことです。例えば、図5-2で説明すれば、入力情報aに刺激が与えられ、それがcで「相手が前進した」という認識結果を得るのならば、行動表象dからeを経由して出力bから「自分は前進」の指令を出すことで実現できます。「見た通りに」とは「認識したように」行動ができるという意味ですから、この特殊な行動は「認識」に直接関わるので、ヒトの「意識」に深い関わりがあると私は感じます。

ヒトの幼児は生まれてほぼすぐにこの「見真似行動」ができることが知られています。生後4週の幼児が目の前にいるヒトの顔表情を真似しているのです。これは**メルゾフとムーアの実験**として有名です。それによると、幼児を見つめて、口をつきだすと幼児も口をつきだす、舌を出すと幼児も舌をだす、そして口をあけると幼児も口をあける行動が知られています。読者のみなさんも、電車等に乗ったとき幼児に出会ったら合図してみてください。すると納得です。例えば、指2本でヴィクトリー・マークを見せると、幼児はすぐに手を上げてそれを真似します。ただし、返される行動は1本の指であることが多いですが。些細な異なりは無視することにしても、ほぼ同様な真似をしようとすることに驚きます。

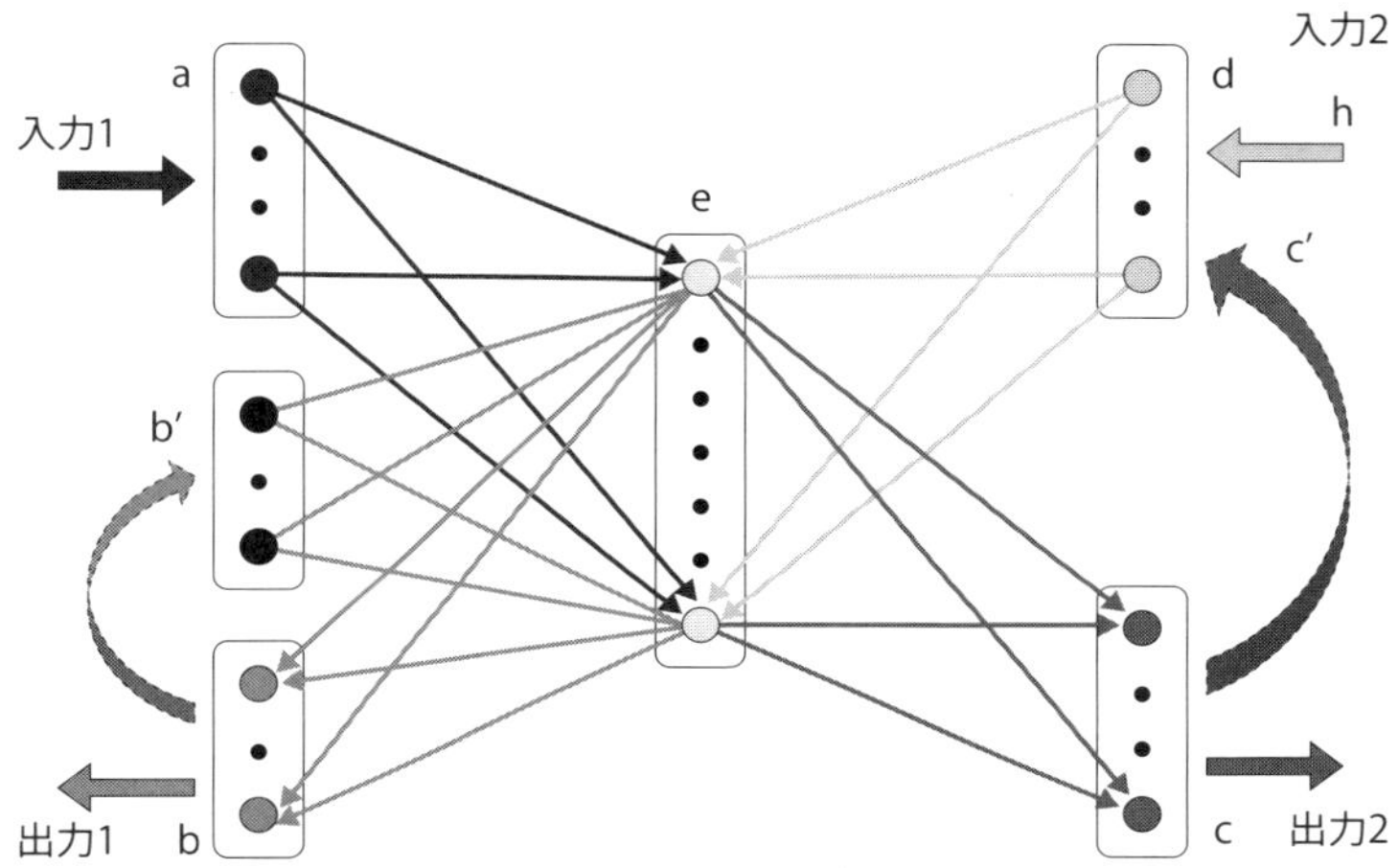


図5-4　MoNADのニューラルネット表現

## 意識するプログラムを作る

私は、ここで述べた三つの前提に従うようなシステムを作ります。さて、ここで図5-2のモデルを実際のニューラルネットに書き換えてみましょう。

この回路を見てみましょう。先ほどの説明のように、二つの情報循環があります（**図5-4**）。e-b-b′とe-c-c′です。そして、二つの2層のニューラルネットが見えます。一つは（a、b′）-e-cともう一つはd-e-bです。すなわち二つの2層のニューラルネットがeで交差している形になっています。また、この図では先の感覚センサからのaへの入力は入力1と表現しました。また駆動モータへの出力は出力1と表現しました。さらに、判断hへの出力を出力2、hからの入力を入力2としました。実はMo

ＮＡＤは２入力、２出力のモジュールなのです。そのため、このモジュールは**双方向演算素子**といえます。これは一種の意識モジュールです。これを幾つか連結することによって、より高度な処理を可能とします。

これから述べる鏡像認知実験のためには三つのＭｏＮＡＤを利用します。先ほどお話したこの実験を進めるための前提となる状況からＭｏＮＡＤを決めました。一つは見真似、もうひとつは距離、最後が連合のＭｏＮＡＤです。これは、この実験が鏡の前でロボットが動き続ける必要から生まれました。そして、この実験の趣旨は鏡の中のロボット（自分）の動きを捉えて、自分との関連性を計算することです。そしてその関連性から、鏡の中のロボットは他者のロボットではなく、自分以外の何物でもないと判断できることを証明するのです。

相手の動きを捉える基本は、幼児も利用していると考えられている見真似行動です。相手が動けば自分も同じように行動（意識）する仕組みです。今回の実験では三つの単純な動きを見真似します。前進、後退、停止です。これは**見真似ＭｏＮＡＤ**（ＩＭと呼ぶ）で実現します。入力に前進（相手）の情報が入れば、ＭｏＮＡＤの出力から前進（自分）の情報を出せばよいのです。相手が後退なら、自分も後退。相手が停止なら、自分も停止を出力するようにすでに学習させておきます。

このとき、ロボットが鏡の前で前進の見真似を実行している場合、間違いなくすぐに鏡に衝突してしまうことになります。また後退のときは、鏡から離れすぎてしまうために実験が途中で不可能になって

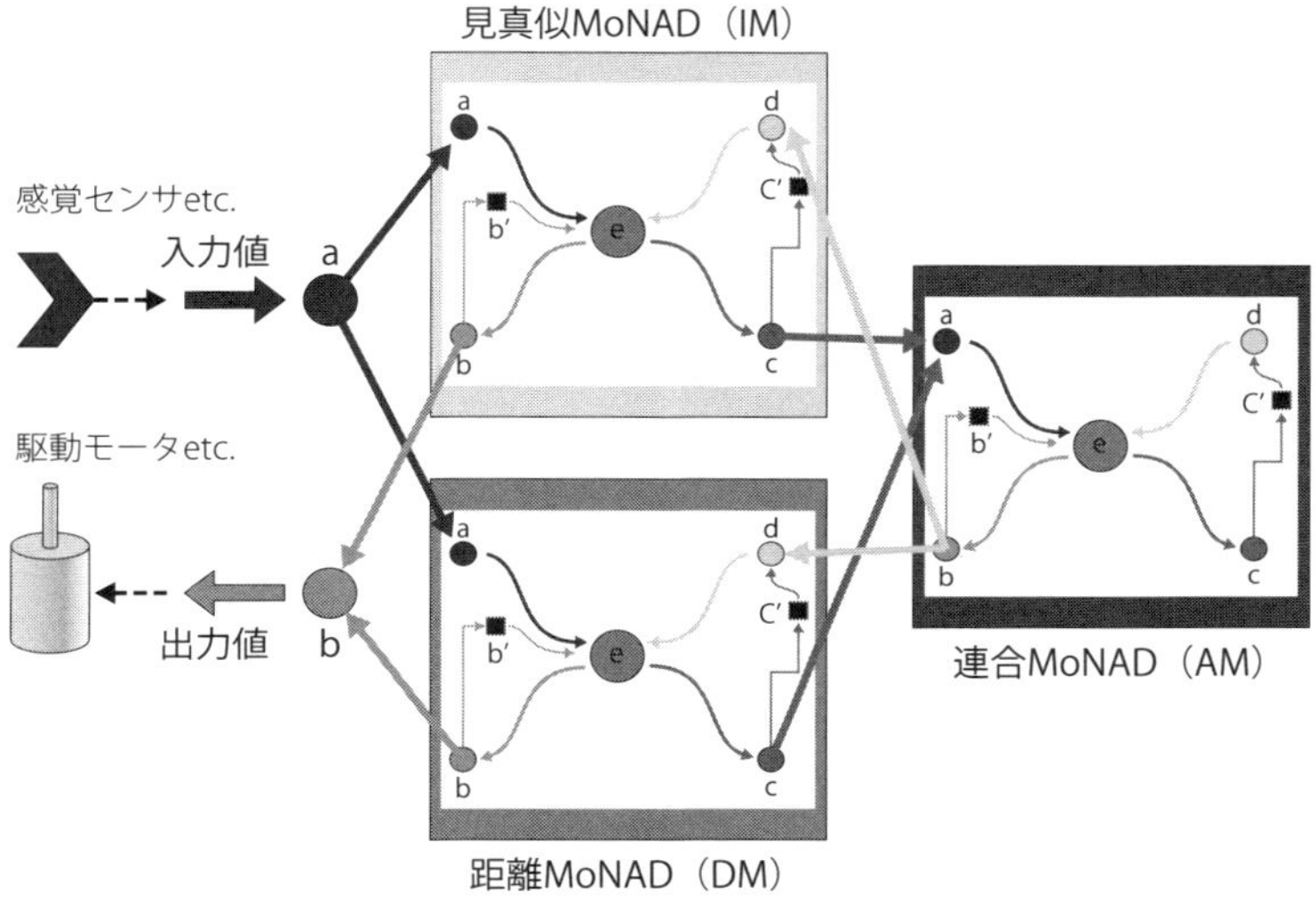


図5-5　鏡像認知のための意識システム

しまいます。見えなくなってしまうのです。

そのため、ロボットには距離を認識（意識）させる必要があります。ロボットが鏡に非常に近づいたこと、また離れすぎたときにそれに気づくための仕組みです。それを**距離MoNAD**（DMと呼ぶ）と名づけました。これは現在**情動・感情系**（Emotion & Feelings）**MoNAD**（EMと略する）といっています。なぜなら、鏡に衝突する、あるいは情報がなくなり見えなくなるという状態は、「痛み」や「寂しさ」というような情動に関連があるからです。

そして最後に、上記二つのMoNADを連合するための**連合**（Association）**MoNAD**（AMと呼ぶ）です。この実験のための回路は上記のようになります（**図5-5**）。

ここで三つのMoNADを使った理由は、先に述べたように鏡像認知の実験には一つのＭｏＮＡＤでは様々な意識の機能を盛り込むことが難しいという判断がありました。ＭｏＮＡＤを複数使うことで、いろいろな局面でロボットを意識的に動かすことができると考えたからでした。本当はここで一般化をする必要がありますが、それは今後の課題としました。一般化とは、課題に対して如何なるＭｏＮＡＤが必要とされるかを決めることです。まあ、いまは直感で三つとしたのです。

## 見真似が意識を引き起こす?

このように、複数のＭｏＮＡＤを階層的に接続しました。これを**意識システム**（Conscious system）と名づけています。入出力に近い左側は現実世界に近いので下層と呼び、その反対側を上層と呼びます。またそれぞれのＭｏＮＡＤは2組の入出力端子があるので、それらを図のように接続して幾つかのＭｏＮＡＤを下層から上層に向かってピラミッドのように階層的に接続します。いまのところピラミッドの頂点がキャップという一つの石でできているように、この意識システムでも頂点は一つの連合ＭｏＮＡＤで構成しています。その正当性はまだありませんが、今後の研究対象にします。

このとき、この連合ＭｏＮＡＤが**ホムンクルス**（Homunculus）だとはいわないでください。ホムンクルスとはヒトの脳の中に潜む**小人**でこれが人間の意識を取り仕切っている中央司令塔です。この議論は一見して正しそうですが、問題はこのホムンクルスの**司令塔**はどこにあるのかということに発展してしまいます。ホムンクルスの司令塔は、ホムンクルスの中にある小ホムンクルスである。このように説明すると、入れ子状態になったホムンクルスが無限個ヒトの脳の内部にあることとなる、**無限後退の問題**（Infinite backtrack problem）を引き起こすことになります。しかし、意識システムの連合モナドは、それ以外のＭｏＮＡＤから得た情報から自らの出力を決めているので、ホムンクルスのような中央司令塔のような機能であるよりは、相互依存型のモジュールといった内容となります。すなわち、ホムンクルスではないことが明らかです。

さて、この意識システムの稼働の様子を説明します。この三つのＭｏＮＡＤは理論的にはすべて独立して稼働しています。すなわち、外界から入ってくる入力情報はＩＭ、ＤＭの入力部ａに同時に入力されます。そうするとＩＭ、ＤＭは同時に稼働します。しかし、これらのＭｏＮＡＤは排他的な存在ですので、ロボットを駆動させる主要なＭｏＮＡＤは2者のうちのどちらかです。それは、見真似行動が実施されているか、あるいは衝突、離れすぎの対応のいずれかです。もし、見真似が実施されているときは、ＩＭとＡＭが連合して稼働します。そのときＤＭも稼働していますがＡＭと連合しません。なぜなら、ロボットは鏡に衝突もしていないし、離れすぎてもいないからです。

もし、ＤＭとＡＭが連合して稼働している場合は、鏡に衝突したか離れすぎているときです。この場合は先とは逆にＩＭが独立して稼働しています。この場合ではＩＭからの出力情報が抑性されていて、

ＤＭからの出力のみが機能します。衝突したときは、後退を実施します。また情報が少ない場合では、前進を実施します。これらの対応する行動は、ヒトにより決めたのですが。前進していて前方距離がゼロとなったので、ロボットの対応行動としては後退を指示されることが正当と感じます。また逆に、後退していて情報がゼロになったので、対応行動としては前進することが正当であると考えられます。

このプログラムがロボット上で動くと、ロボットは鏡の前で鏡の中のロボットの動きに反応して前進したり後退したりすることになります。

ロボットの目にあたる装置は**赤外線センサ**（IR sensor）を使っています。ですから、相手のロボットの動きを調べるために自分と相手との距離を利用しています。ただし鏡の中の相手までの距離を計測するために、赤外線の照射が鏡から直接帰ってきてしまう場合を避けて、やや上方に向かって照射して2番目に短い距離を測定しています。

そして相手の動きは自分の動きを勘案してＩＭで認識できます。例えば、相手と自分との距離が変化しないが、そのとき自分が前進していれば、相手は後退していると認識するのです。このとき、本当は意識しているといいたい。なぜなら、すでにこの認知は自分と他者の関連性を考慮しているからです。

## 鏡の中の自己像は身体の一部のように感じる

さて、ロボットがこの意識システムによって鏡の前で前進や後退を繰り返すことになります。このとき、ロボットは自分の動きの認識と鏡の中の他のロボット（この場合は自分の鏡に写った像）の動きの認識を同時に計算しています。そして両者の動きが一致している比率を計算します。要するに、相手が前進していて、そのとき自分も前進していると認識していればカウントを一つ増加させます。もちろん、このカウントはロボットがIMとAMが連携して稼働しているときだけとします。なぜなら、DMとAMが連携して動いているときは停止の直後に前進となったり、停止の直後に前進したりして、ロボットが多少不安定な状態となるからです。このときの比率は70％となりました。100％にはならないのです。この差が非常に重要です。比率が100％であれば、自分の動きと鏡の中の像の動きが一致するので、鏡の中の像は自分の像であると判定ができそうです。要するに、もし鏡の中の像が実際は他者であって自分の動きを100％真似することができれば、この判定は崩されるのです。しかし、物理的にそのような現象は存在できないと思われるのです。

100％であれば問題はなかったのですが、私の実験では70％になっています（**図5-6**）。これは正直なところ、困りました。

図5-6　鏡の中に写る自分の動きを見真似するロボット。動きが同じだったのは70%でした。

しばらく、考えていたのですが、よく考えると100%の結果を得ることは不可能だと感じました。なぜなら、鏡が正確な情報を映しているという保証がないのです。普通私たちが使っているお化粧用の手鏡は光学的に反射率が85%ぐらいしかないのです。普通の鏡は正確に情報を写し出していないのです。ですから私たちが鏡から得た情報は正確ではないことになります。それでも、私たちは自分の顔を写していると感じています。

ここで私は実験の手法を考え直すことにしました。現実的に100%の場合がないのなら、何か新しい手法によって鏡像認知の実験に成功するやり方がないのかと。

そこで考えたのは、鏡の像を実際のロボットに置き換えてみる方法です。鏡を実験場から外

図5-7　ほぼ同じロボットが向き合って動きを相互に見真似する実験です。このときは、動きが50%同じだと判断しました。

して、そこにもう一台の同じロボットを置いてみました。そのロボットは先ほどの実験で使ったロボット（**自己ロボット**（Self robot）と名づけます）とほとんど同じロボットです。ハードウエアもソフトウエアもほとんど同じです。このロボットは**他者ロボット**（Other robot）となります。

そして両者を向かい合わせて、先ほどと同じ実験をしてみました。見た目は第1回目の実験と同じように、両ロボットは同期を執っているように前後の行動を繰り返します。このときの一致率は50％となりました。先ほどの実験に比べて一致率が低下しました。低下の理由は、両ロボットの性能がほとんど同じであるとはいえ、環境やロボットのもつ微妙で僅かな違いが影響しています。例えば両ロボットが動いている位置の違いから生じている摩擦の違いや、両ロボットがもつそれぞれのセンサがもつ性能の僅かな違いなどが挙げられます。

2番目の実験の結果が50％で1番目の実験の場合は70％となりました（**図5-7**）。この結果から、鏡の中の像が他者ロボットの反応からは区別できる何物かであるということです。他者ではない何物かであれば、それは自分であるとの結論を導き出せるようにも思えます。ここでいえるのは「鏡の中の像は他者ではない」ということです。

ただし、「だから、自分である」と結論するにはあまりにもそれが「論理的」で、何かもう少し物理的で直接的な説明が必要です。なぜなら、生後間もない幼児にそのような論理的な区別が可能とは思えないからです。幼児が鏡に写る像に何か特別な魅力がなければ、それは鏡の外側にある世界と同一であるので、しだいに興味を失ってしまうはずです。鏡には特別な力があるようです。

そこで私はもう少し実験を進めてみることにしました。それが第3の実験です。それは、第1と第2の実験の中間に位置するような実験です。それで思いついたのが、自己のロボットから命令で直接に動かされる他者ロボットというアイデアです。自己ロボットと他者ロボットは8本の制御ケーブルでつながれた形で実験が行われます。それはハード的にはほとんど同じである他者ロボットで、ソフト的には違いがある**被制御ロボット**（Controlled robot）です。要するにこのロボットは、モータやセンサ等の物理的な部分がほとんど同じです。しかし、実験2で用いた他者ロボットが自己ロボットとまったく同じソフトウエア（プログラム）を使っているに比べて、この被制御ロボットはまったく単純なプログラムとなっています。それは、自己ロボットから送られてくる移動命令を認識して、行動に移すプログラムです。

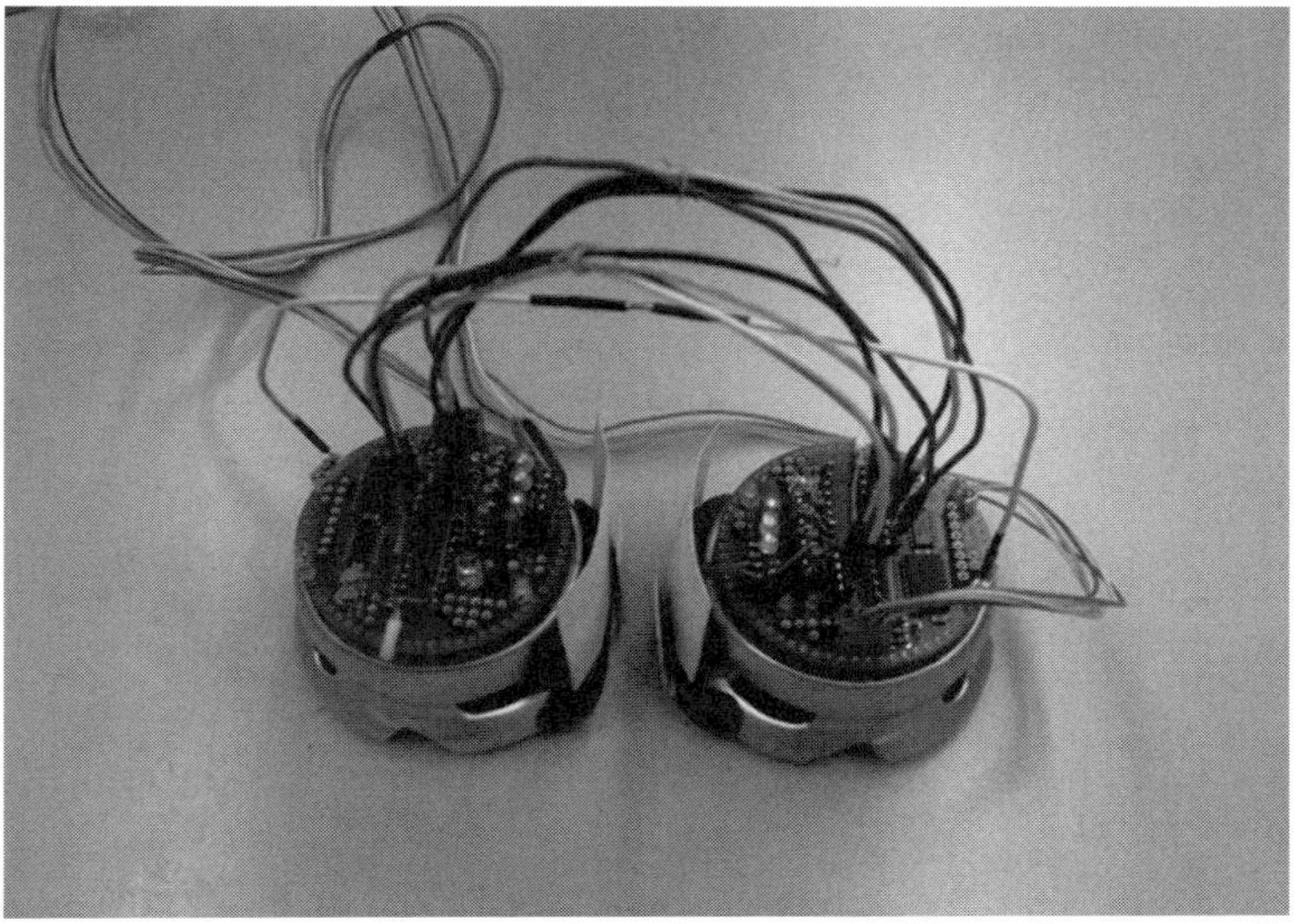

図5-8　自分とそっくりな他者ロボットを制御線でつないでその動きを見真似する実験。動きは60%同じでした。

実験は、自己ロボットの見真似行動から始まります。自己ロボットが新たな動きを出力するとき、その移動命令を被制御ロボットに送信します。例えば、自己ロボットが前進するならば、被制御ロボットも前進するのです。停止なら停止、後退なら後退します。この動作は一見して、見真似行動のように見えますが、被制御ロボットの行動は単に自己ロボットからの命令に従っているだけです。しかし、自己ロボットは実験1の場合と同様に意識システムによって見真似行動をしているのです。

そして、**行動の一致率**の計算もしています。このときの値は60%となりました（**図5-8**）。そうです、実験1と実験2の結果のちょうど中間となります。

多くの繰り返しの実験によると、実験開始時は若干の変動がありますが、しだいに50％、60％、70％という値に落ち着いてきます。実験を通じて、この順序が入れ替わる事例はありませんでした。各実験の様子は、ほとんど同じで、見かけ上に大きな違いはありませんが、一致率は先に述べたようにある法則が見られます。

そこで私は実験3をもう一度よく考えてみました。実験3では、被制御ロボットが自己ロボットと制御線でつながれている。これは物理的につながっているということです。そして、被制御ロボットは自己ロボットの命令通りに動かされている。そして、これはプログラム的にもつながっているのです。

そのとき、ふと私の手を見て思いました「これは自分の手や足と同じ」ではないのか。なぜなら、自分の手は身体と物理的につながっていて、また神経系によって身体（脳）からの命令通りに動いているからです。

その考えが、読者の皆さんに認めて頂けるのであれば、被制御ロボットは〝手や足が自分の一部である〟ように、自己ロボットの一部であるといえるのではないでしょうか？

そのように考えたとき、もう一度実験1の結果である70％とは何だろうかを考え直しました。60％で**「自分の身体の一部」**ということですから、それより高い比率である70％とは「自分の身体の一部より自分に近い存在」の何かとなります。これは論理的に「自分」ということでしかありません。しかし、この説明は幼児には納得が難しいと思います。

幼児の気持ちを推測すると「自分の何か」を感じるとなるのではないでしょうか。幼児がどのように感じたかについては推測するしかないのですが、これらの実験の結果によると、幼児が鏡の中の自分の像に特別な感情を抱くことができると考えられます。その感情とは「自分の何かが鏡の中にいる」という感覚ではないでしょうか。

この感覚の例証ともいうべき事例があります。

## 鏡は古代の超先端マシン？

それは、**神社**のもつ鏡です。神社には必ず祭壇の中心に大きな円形の鏡が納めてあります。私は神社の専門家ではないけれど、この間、私がある講演会でロボットと鏡のお話をさせていただいたとき、東京の有名な神社の**禰宜**の方と知り合う機会がありました。和やかに歓談しているとき、その方は「先生のお話は神社にある鏡と関係があるのでは」とコメントを頂きました。そのとき私はピンとくるものを感じました。

確か、その鏡は「**御神鏡**」といわれています。神の鏡という意味ですね。文献には「**日本書紀**」からの引用として「吾の姿を見るがごとし」とあります。これは「自分が自分を見ているようだ」ということです。古代においては、「自分が自分を見ている」感覚が大変に不思議であったと思われます。

またそういえば、「鏡は心を写す」とも昔からよくいわれていました。鏡のもつ不思議な力をよく表している言葉ではないでしょうか。「鏡の中に私の心が写っている」という意味は、「自分の何かが鏡の中にいる」という感覚に通じるものがあります。

鏡の中の像には実体がないのに、自分が鏡の中にいると感じるので、それは自分の心ではないかと思うのもわかります。これは、私の見解ですが鏡は古代から「ヒトの心を写し出すという不思議な**霊力**をもった**超先端の機械**」だったのではないでしょうか。

さて、どうやらロボットを使って「ミラーテスト」を成功させることができたようです。このロボットでは一致率が60%を越えると「自分の一部」と判断してよさそうです。

次に、気づくという問題を考えてみます。英語では**セルフアウェアネス**（self-awareness）といいます。日本語では「**自覚**」と訳されます。

まず、セルフアウェアネスについて考えてみましょう。これは科学的研究がほとんど進められていないので私見として以下の重要な項目を挙げ、それについて検討をしてみようと思います。

(1) 自分自身の行動を認知していなければならない。
(2) **一貫した行動**を実施できなければなりません。
(3) **因果の感覚**をもたねばなりません。
(4) 他者の行動を認知できなければなりません。
(5) 他者を自己の一部のように思い通りに動かしているという感覚がなければなりません。

第1項について、著者の意識モジュールMoNADは自己行動の情報を認知システムへ**フィードバック**しています。したがって、自己行動の認知はできています。意識システムは認知と行動が一貫しています。したがって、第2項も満足しているといえます。

意識モジュールMoNADの行動表象は行動の実施を決め、その結果としてMoNADの認知表象が決まります。したがって、行動とそれに伴う認知の関係は因果関係があります。そして、第1項よりその行動が自己の行動であったと認知しています。したがって第3項も満足しているといえます。さらに、自己行動の認知から、他者の行動の認知を計算できます。よって、第4項も満足しています。また、鏡に写るロボットは自己の一部と判断されるので、第5項も満足しているといえます。ただし、第3項、第4項における感覚については「クオリア」を意味するのであれば、この結論は先送りにされねばならないでしょう。

これらの考察から、私は「鏡の中に写った自分に気づく」ロボットを作ったといってよいように思います。

## 意識と無意識の揺らぎの中で

さて、ここでヒトの意識と意識システムを比較してみます。

まず、ヒトの意識には**潜在意識**と**顕在意識**があります。前者はヒトが気づけない意識で、後者が気づく意識です。普通これを無意識、意識といいます。

これを意識システム（図5-5）で考えてみると、IMとAMが連合して機能しているときに顕在意識となっていて、そのときのDMは潜在意識となっていると説明できます。また、DMとAMが連合して機能しているときは、これが顕在意識を生み出していて、IMが潜在意識となっていると説明できます。いわば、階層のトップと現実世界（入力と出力）が連携して機能するときが顕在意識といえます。またそれ以外はすべて潜在意識となります。このように意識システムから潜在意識と顕在意識の機能が説明できます。説明として難しいのは「自転車を運転しながら思考する」場合です。これはよくある状況です。

大学の近くに多摩川があります。土手はサイクリングロードになっていて多くの人々がサイクリングを楽しんでいます。そのとき、ヒトは自転車を運転することにあまり意識を集中しないで、頭の中は自転車以外のことを考えていてもよいようです。そして、自分では考えていることは気づいていますが、自転車の運転の方はあまり気づいていません。しかし、考えながら自転車を運転していているという状況は、やはり気づいている状況であることは間違いないでしょう。なぜなら、いまこちらにいらしたのはどうやってですか、と尋ねるならば、ふつう「自転車に乗って」と答えるでしょう。これが「気づいていた」という証拠です。

これに反論するヒトがいるかもしれません。それは、「自転車に乗って」と答えられても、「本人が気づいているかは不明である」という指摘です。**ジョン・サール**（John Rogers Searle）の指摘した「**中国語の部屋**（Chinese room）」の問題と同じですね。

しかし、そのヒトが「自転車に乗って」と答えたわけです。したがってそのヒトは直前の記憶をたどって「自転車」に「乗って」という言葉に出会ったわけですし、その言葉は何らかの行動によって記憶されたわけです。行動の記憶とは、基本的に身体を動かした状態を認識していて、したがってその行動は意味とともに記憶されていると考えられるのです。そのため、自転車に乗っていたという身体の行動については「意識」されていて、それに「気づいて」いたと判断してよいのではと思います。なぜなら、身体を動かしたことを意識し気づいているから、記憶が可能となったと考えられるのです。意識し気づいていなければ、それが記憶に留まるはずがないからです。

ただし、サブリミナル効果の実験によると、意識し気づいていない刺激によって次の行動に影響を与えていることがあり得るとの報告があります。しかし、**サブリミナル**（Subliminal）は潜在意識に働きかける刺激であるので、被験者がその刺激について報告が不可能であることも事実です。

このような話を踏まえて、もう一度自転車の話に戻ります。「自転車に乗りながら、他のことを考えている」というときは、確かに思考の方に意識が集中していて、自転車の運転については潜在意識に任せているようです。また、小石に自転車が急に乗り上げたときは、意識が思考から離れて自転車の運転に意識の集中が移行しているようです。要するに、ヒトの意識は潜在意識と顕在意識が混在して機能していると表現できます。この状態をもう少し整理すると、ヒトには多数の気づけない潜在意識が機能していて、その一つが気づける状態に変化した場合にそれを顕在意識と名づけてよいようです。

さあここでもう一度ヒトが「気づくという現象」について考察してみましょう。それは、「自己が自分自身の身体を意味づけることであり、さらに外の世界を自己の身体との関連性を意味づけること」と解釈できます。このとき、自己を**自我**（The self）という言葉で置き換えてもよいように思えます。

この考え方は、フランスの哲学者**メルロー・ポンティ**（Maurice Merleau-Ponty, 1908-1961）の「**身体性の現象学**」から学びました。彼は「ヒトの存在を身体と切り離しては語れない」という立場をとっているのです。

さてここで問題となるのが、私の主張する意識システムのどこが自己なのかということです。3種の意識モジュールのどれが自己なのかということですね。意識システムの最上位にあるＡＭが顕在意識を生み出す重要な部分であることは前述しました。ＡＭと外部世界や身体の行動が連合して機能している

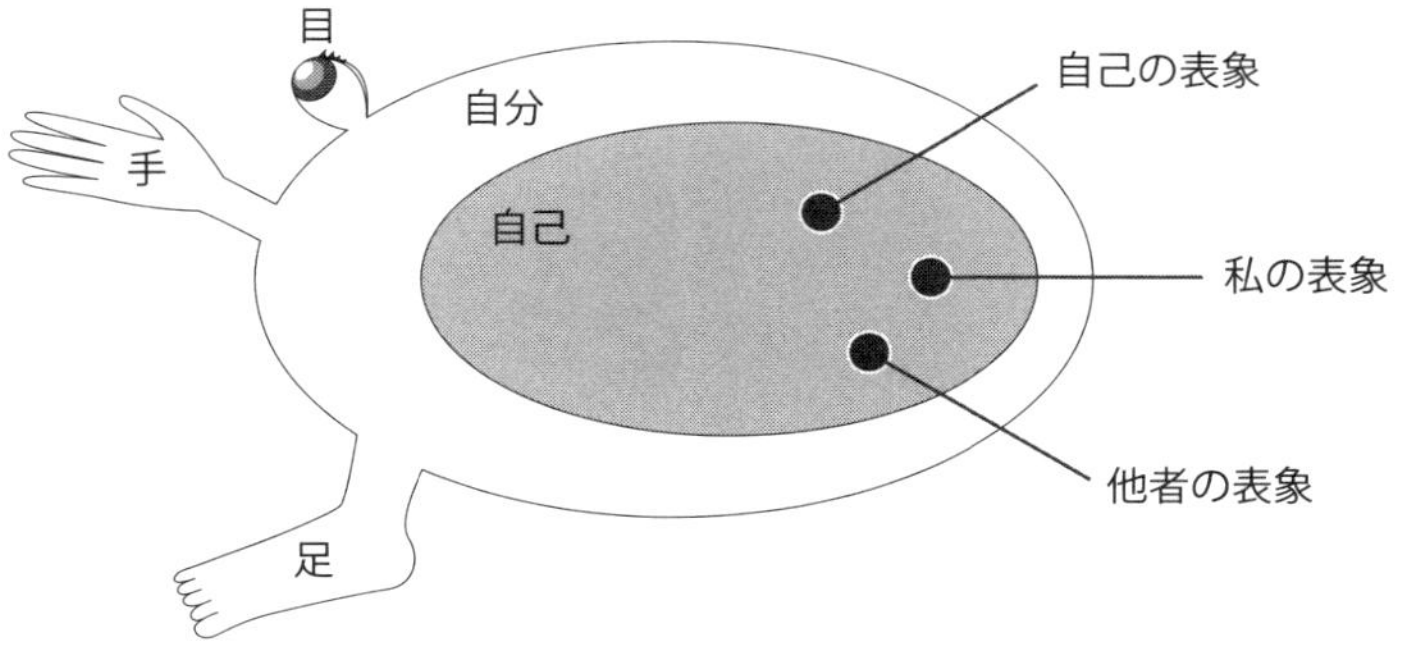


図5-9　自己と自分の関係について

ときに「自分の身体が世界に対して行動していると気づく意識、顕在意識を生み出している」と説明できます。すなわち「私が行動している」と気づくことを説明できます。

そして、情動や感情は顕在意識を引き起こすことが明らかです。

## 私、自己、自分について

さて、どこに「自己」があるのでしょうか?

この考えをストレートに受け入れるならば、この意識システムでの自己とは図5-2における入力部a、出力部bから右側の部分といえます。そして自分とは、身体を含みますので、感覚センサや駆動モータ等の部分を含んだ図5-2に示す全体をいいます。

そうすると、読者の皆さんは「他者」はどこかと尋ねるでしょう。わかりにくいかと思いますが、他者は自己の中の表象（記号）として表されます。また自己という言葉も自己の内部に表象（記号）としてあります。「私（I）」という言葉も同様です（**図5-9**）。

このように考えることによって、「私」という言葉を主語にして自分や自己自身のことを話すことができるし、他者と自己の関係も語ることができます。また「他者」を主語にして話を作ることもできます。

すなわち、このような構造によって、「自己が自己自身について語る」ことができることが説明可能となるのです。すなわち自己の表象が自己や自分を語ることができるのです。これはヒト意識の重要な要素の一つである「**一人称性**」を表現していることになります。一種のメタ認知ですね。これはフッサールが主張するヒト意識の10項目の第一項を説明しています。

そうすると、読者の中には「自己のことを考える自己」という説明はわかるけれど、「「自己のことを考える自己」を考える自己」を考える自己」・・自己」というような多重に入れ子になった状態も表現できるのですか、と疑問をもつ方もいると思います。

私の見解では「自己」という一称性を認めて、さらに「自己のことを考える自己」という二称性を認めるのならば、無限の入れ子の状態を表現できることは明らかであると思います。これを**帰納法的**（Induction）な表現といいますが、ヒトはこの表現で数学において「無限」を扱っていることを例示すれば明らかです。

すなわち私がいいたいことは、意識システムにおいて「多重な入れ子状態となった自己」の表現は、ヒトが数学で帰納法を利用して「**無限**」という概念を表現できることと同じように、表現が可能であるということです。

本章では、ヒトが「鏡の中の自分に気づく」という現象の謎を解明するために小型ロボットを使って同様の現象を再現することについて解説をしました。ロボットによってヒトの行う現象を再現することができることは、ヒトの内面で起きる現象を科学的に探る一つの手段です。なぜなら、ロボットは外部も内部も物理学と数学の支配、すなわち科学の力によって動いているからです。ですから、ロボットが行う現象のすべては第三者によって調査が可能なのです。

実験の結果、「鏡の中に写る自己像」はロボットにとって「自分の身体の一部よりも自己の存在に近い存在」と判断できることがわかりました。

これはもちろん、ロボットにおける現象の分析ですが、ヒトが「鏡の中の自分に気づく現象」を解明する一つの仮説を提供しています。

幼児は鏡の前で盛んに手足を動かすことによって、その動きが自分の動きと高い頻度で同期していて、すでに生得的にもつ見真似行動を誘発させる機能に支援されながら、その身体感覚の経験を積み上げていく。そのうちに幼児は「鏡の中の自己像がある特殊な感覚」をもちます、それは「鏡の中の像が自分の身体の一部のようだ」という感覚です。

これは、職人が使い慣れた金槌を自分の手の一部のように操る「思った通りに動かすことができる」という感覚と同様であると推定できます。また、この感覚は「鏡の中の自己像を自分の思った通りに動かしている」という「自覚」の機能を説明しています。

この鏡像認知の実験を成功させたプログラムは、鏡像認知がヒトの高度な認知機能を代表し、それが「自己意識」というヒトの意識機能の存在を例示している点から、「意識プログラム」と名づけ、さらに鏡像認知を成功させたロボットを「**意識ロボット**（Conscious robot）」と名づけることにします。

この成功はロボットにとって**世界で初めての経験**となりました。

第6章

# 心をもち、意識するロボットの活躍

## —モナドが思考や感情を表現する—

CHAPTER 6

私はヒトは機械のような仕組みによって動いていると考えてます。機械といっても**生物機械**（Biological machine）ですから、時計や自動車といった**金属**（Metal）を主に使ったものではなく、**タンパク質**（Protein）がその基本材料ですので主成分が異なるといえます。だから、まったく異なると断言もできます。しかし、自動車工場や電気製品の組み立て工場などで動いているロボット、**工業用ロボット**（Industrial robot）、の映像を見ていると、まるで生物のような動きを見せています。それも、ヒトの動きよりも素早くそして疲れも知らないような動きです。確かに、その動きはヒトのように柔軟であるとはいい難いですが、自動車の俊敏な動きを指摘するまでもなく、その動きは十分生物的であるとも感じられます。また、海の中に棲む生物である、エビやカニなどの甲殻類は機械のようでありますし、ウリクラゲという深海に潜む自ら光を放つクラゲの一種などは透明な身体の中に各種機関が透けて見えていて、その動きによって夜光を次々にネオンのランプのように輝かせるところを見ると、これは機械システムであると感じさせられもします。

ヒトといえども、身体は様々な内臓という内部機関によってその生命を維持し、自ら発展するべく息づいている。これは一種の内部機関の集合体であって、機械システムであるとも見えます。

## 生物と機械の違い

ある生物学者が**生物と機械の違い**についてテレビでコメントしていました。それによると、「生物はその微細な一部であっても全体との関連を保っているが、機械はその一部がすべての全体に関連をもち得ないのである」と発言していました。そのとき、私は「上手く説明したな」と思う反面、本当だろうかという疑問も生まれました。

なぜなら、機械装置の代表といえる「**機械式時計**（Machine clock）」を考えてみたときに、その部品、例えば歯車やバネ、を取り外して見てみると時計を止めてしまうことになるし、そうでなくても時計としての機能を失ってしまいます。そのように考えると、一部が全体に関連しているというこの区別は、単に程度の違いでしかあり得ないのではないかとも思えます。すなわち決定的な区別法ではないようです。

生物と機械を区別する試みはいままでも多数行われていて、むしろいままでも激しい論争が行われているといえます。決着はつかず勝敗はイーブン、引き分けといったところでしょうか。

ただ、決着がつかないということは当然のように思えます。なぜなら、私たちは「生物とは何か」という問題に、まだ十分な知識をもっていないからです。

ここからはまた繰り返しになりますが、もう一度確認しておきましょう。

## ヒトの素晴らしさを知る

この考察が私の研究を支えるモチベーションの原点なのです。ロボットを作ることがヒトの理解につながるという点です。ロボットを作れば作るほど「ヒトの素晴らしさ」を知ることができます。

ヒトの素晴らしさとはどのようなことでしょうか?

まず第一に挙げられる点として、ヒトには意識があります。また、意識していることに気づくことができます。そして「**思考**（Thought）」することができ、次いで「**情動**（Emotion）や**感情**」があります。また「**記憶と経験**（Experience）」の蓄積があり、それを利用しています。思考の代表としては推論や予測そして想像があり、創造があります。人間とはなんと素晴らしいのでしょうか、物事を創造できるのです。

キリスト教など、様々な宗教がいう「神がすべてを創った」ように、「ヒトも創ることができる」のです。自動車、飛行機そして宇宙船を創ってきたでしょう。それ以前にはあり得ない代物をヒトは創ってきたことが明らかです。

前章で私はヒトの意識現象のほとんどを説明可能とする基本モデルを提案し、ニューラルネットワークを利用した意識モジュールMoNADの開発について述べました。

そして、さらにそのMoNADはヒトが物事に気づくことや思考するという現象でさえ説明できるのです。

さて、ヒトのもつ感情や、…創造は、MoNADで説明ができるのでしょうか? さらに検討を進めてみましょう。

前章でも述べましたが、鏡像認知の実験で開発した複数のMoNADで構成された意識システムにおいて、「距離のMoNAD」は「情動・感情のMoNAD」と解釈できます。

## 理性か感情か?

少し細かな話になりますが、思考には「**理性的思考**」と「**感情的思考**」という二つがあるようです。前者の代表としては数学問題の解法があります。後者はヒトがもつ「好き・嫌い」という判断に基づく思考です。また前者はヒトのみがもつ高度な思考であると説明され、進化の過程で新たに獲得してきた部分といわれています。感情はヒトの進化の初期からもっていた古い部分であるといわれています。これらの考察は、脳科学からの知見です。感情を司る脳の部分はその中心部にあり、理性の機能は脳のもっとも外側表面にあるからです。脳は中心部を基底にして、その上方に発展してきたという生物の**系**

**統学的**（Phylogeny）な考察によっています。

さてここで、まず感情とは何かという問題を考察する必要があります。感情とはヒトが感じる「快」「不快」の感覚です。この感情は基本的に身体に与えられた内外からの刺激によって生じると考えるのが妥当でしょう。内部からの刺激とは、身体内部から発生する刺激です。例えば、胃の痛みなどです。外部からの刺激とは、ヒトでいうのなら五感、見る・聞く・嗅ぐ・味わう・触れる、すなわち身体の比較的距離のある外部から与えられる刺激です。例では、バラの花の香りから生じる爽快感などです。ただ、本当は身体の内部と外部という区別は明確ではありませんが、ほぼ直感的には正しいでしょう。区別の困難さは、刺激を受容する（Perceive）細胞がすべて体内に位置しているために生じます。感情についてはすでに前方の章で紹介しましたが、ヒトがもつ五つの感情、痛み・悲しみ・嬉しさ・嫌悪・怒りという感覚があります。しかし、これらは最終的に「快・不快」という感情に集約されるようです。もちろん、これは一つの整理の仕方です。

次に情動です。これは、身体の**受容細胞**へ与えられる刺激の量から生じる「刺激の質」を表現する表象です。例えば、強い刺激、弱い刺激、刺激なしという状態から計算され、痛感に関わる場合は私流の表現でいえば「**痛感**（Stich）」・「**痒感**（Itch）」・「**待受感**（Waiting）」などと表現できます。「質」というとクオリアを思い出しますが、前に述べましたがここでもとりあえず無視します。しかし、おそらくは、情動から生じた刺激がクオリアの発生源であることは明らかであると、私は推定しています。

さて、このように考えると、感情は情動から始まり、そして刺激を表象するという問題として説明できます。

## 情動と感情を作る

そうであるなら、先に述べた意識モジュールをそのまま利用できます。すなわち、身体の内外の刺激を表象によって表現することによってロボットもヒトと同じように感情を生み出し、それを身体で表現できることになるのです。これは、前章で述べた入力情報を表象するというMoNADの機能がそのまま利用できることになります。前章の鏡像認知で述べた距離のMoNADが感情に関わるMoNAD、すなわちここでそれは情動感情系MoNADと呼びます。

距離MoNADでの「距離ゼロ」という表象は、情動感情系MoNADでは「痛み発生による不快」の表象となります。すなわち、ロボットが前進の行動を続けることによって鏡への衝突が起きる事態を、「距離ゼロ」という表象ではなく、「痛みによる不快」という表象に変えるのです。「距離ゼロ」とは、あくまで理性的な表現ですが、「痛みによる不快」は感情的な表現です。

このように、ヒトの意識は情動や感情に関わる部分と理性的部分があります。私たちは前者を意識の情動感情系と、また後者を理性系と呼びます。

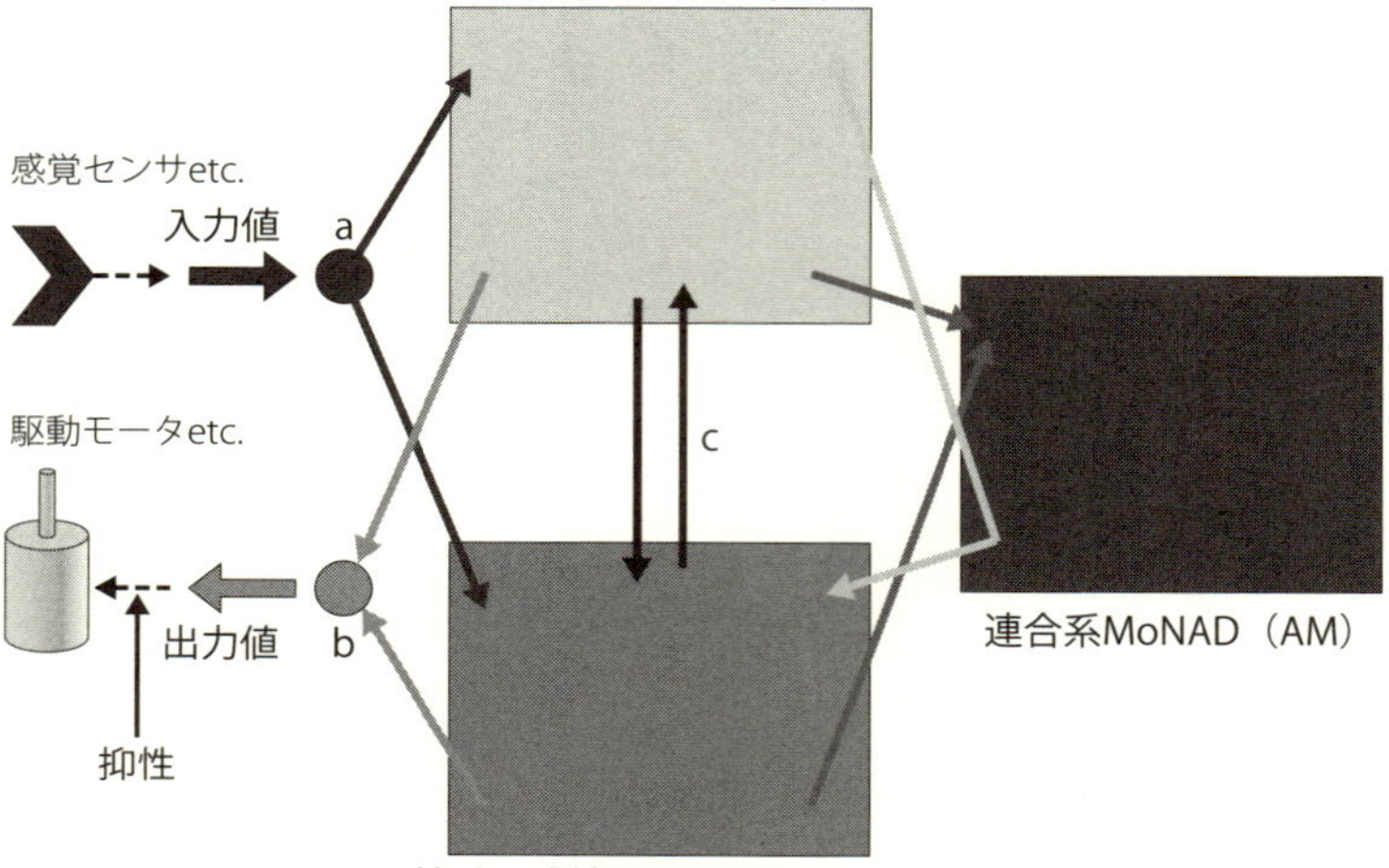


図6-1　感情をもつ意識システム

そして、理性系の対象である「距離ゼロ」と情動・感情系の対象である「痛みによる不快」は関連性を保っているので、それら二つの系をつなぐための系が必要となります。それを連合系と呼んだのです。すなわち連合系ＭｏＮＡＤです。このＭｏＮＡＤは理性系ＭｏＮＡＤと情動感情系ＭｏＮＡＤとの間に相互に情報を受け渡す機能となります。これはある意味、理性系と情動感情系を連合する部分でもあります（**図6-1**）。

ここで、「痛みとは何か」ということを読者の皆さんは考えているでしょう。実はこれもよくわからないのです。クオリアの問題を除外してもよくわからないのです。

# 幻の痛み、ファンタムペイン

皆さんは「**幻の痛み**（Phantom pain）」をご存知ですか?

事故によって、腕や足を失ってしまった患者が「失った手足が痛い」と訴えることです。失ってしまった腕、いまはもうない腕の痛みの苦しみを訴えているので、幻の痛みというのです。

この現象は「痛み」の謎をますます深めています。

なぜなら、痛みという現象が身体を源とする刺激から生まれているわけではないことを示しているからです。なぜなら、痛みを起こしている腕は、すでに失っているのですから。この痛みは感覚に関する脳が起こしている一つの現象ということになります。したがって、私の表現では「幻の痛み」は「**心の痛み**（Pain from the heart）」の一種となります。いい変えれば、「心の痛み」とは「**精神的な痛み**（Mental pain）」でもあります。

その患者の訴えは「失っている腕の痛み」として表現されていますので、この痛みの発祥は「**身体の痛み**（Pain from the body）」であったといえそうです。

もちろん、身体の痛みはヒトが持つ**先天的**（Innate）な機能である可能性を疑うことはできません。

なぜなら、赤ちゃんが熱いやかんに手が触れて火傷を受けると大いに泣き、その赤ちゃんはそれ以降やかんを避けるようになるからです。このメカニズムについてはまだ不明ですが、「やかん」と「痛み」を関連づける機能が働いて、それ以降「やかん」という情報が「痛み」の情報と関連づけられて、回避行動を引き起こすというシナリオが伺えます。

## 身体の痛み、心の痛み

この考察から、私は痛みが身体から発祥する「身体の痛み」と、身体からの刺激に基づかない痛み、すなわち「心の痛み」との2種があると判断したのです。

ここで「痛み」の意味について考えてみましょう。私は「痛み」とは「生命の危険」という意味であると考えます。その状況をそのまま放置すれば「その生命体は命を失う危険」となるという意味です。「痛み」とは一種の**警報**（Alert）あって、ヒトに意識を顕在化させて注意を集中させる先天的な機能であると私は推測しています。

さて、理性系のＭｏＮＡＤと情動感情系のＭｏＮＡＤは共に、ＭｏＮＡＤ構造という交差した二重の再帰的ニューラルネットワークで構成しているので、情報回路としては共に区別がつけられません。もし、その区別を無理に考えるのであれば、情動感情系が直接的に身体に神経網を張り巡らせているのに心をもち、意識するロボットの活躍 ―モナドが思考や感情を表現する―

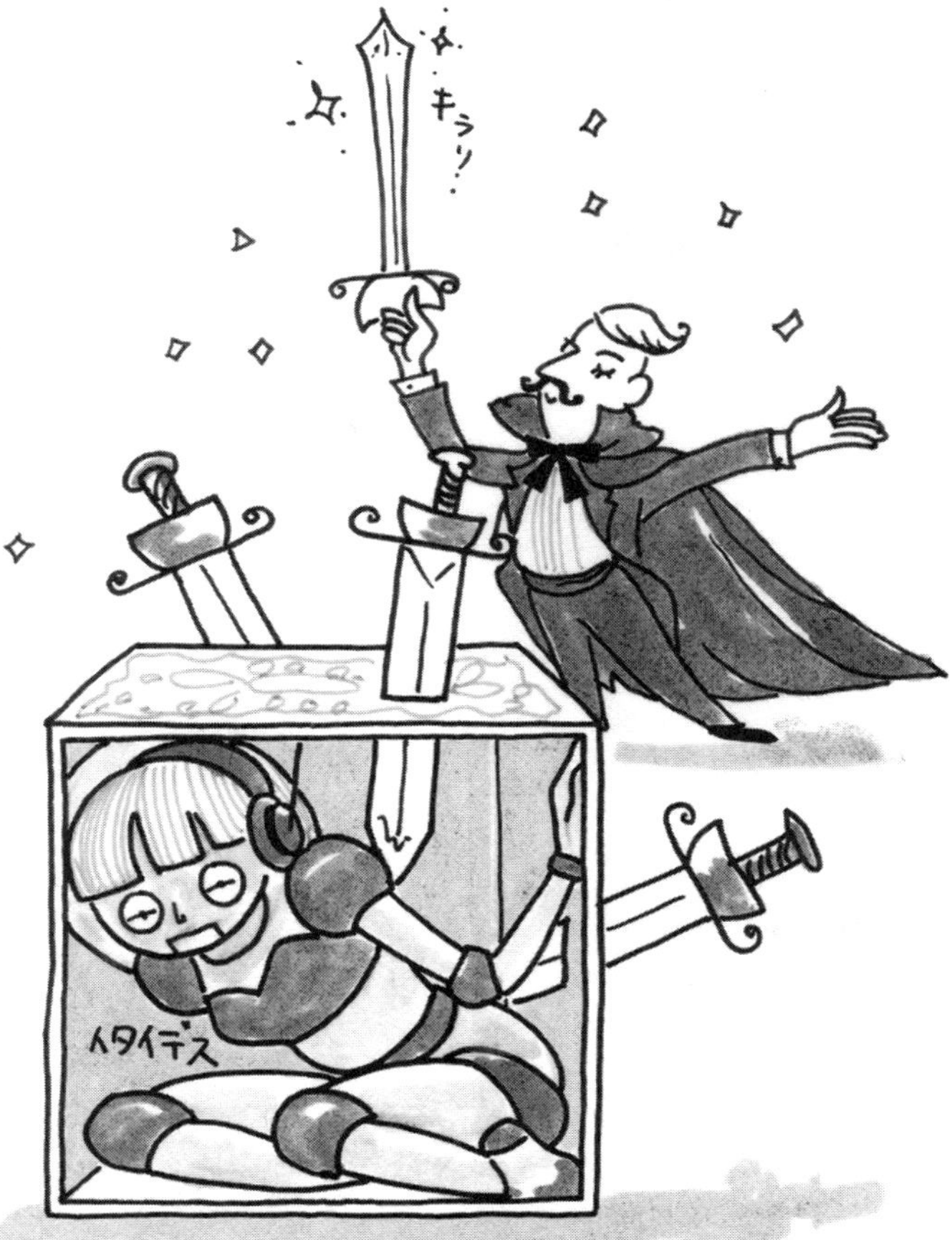

比べて、理性系はそうではないということです。そして連合系のＭｏＮＡＤは情動感情系や理性系に比べて入出力の端子から遠い奥にあるという特徴があります。すなわち、図示すると図６-１のように表現されます。前章と異なる部分は距離ＭｏＮＡＤが情動・感情系ＭｏＮＡＤと改名していることです。

私たちは、この全体を意識システムと呼んでいます。なぜなら、前章に述べましたがこのモデルによってヒトの意識の大半を説明可能とするからです。ここでつけ加えたいことは、このモデルが理性と感情を融合した行動を可能としていることです。また、認識（あるいは認知）と行動の概念を融合していることです。これらの点を指摘するだけで、意識システムがヒトの意識の大まかな条件がクリアされているといえると考えます。そして、ＭｏＮＡＤはもとより情報の循環によって認知と行動の一貫性を維持して機能するように志向性を学習しています。現在は、これらの学習はヒトの手作業によって教師学習として実現しています。もちろんこの制限は、将来に自己組織的な学習によって実現することにします。

筆者は、ヒトの**発達心理学**（Developmental psychology）や脳科学の知見から、ヒトは先天的にもって生まれた機能、**先天的機能**（Innate functions）とその機能を使って発達する機能、**発達的機能**（Developed functions）があると考えています。要するに、アメリカの言語学者**チョムスキー**（Noam Chomsky）の**先天主義**（Innatism）とピアジェの**発達主義**（Developism）の両方を支持しています。

## 生まれながらにもつ機能

先天的機能の詳細はまだ謎に包まれていますが、著者は大まかに意識に関わる部分として、

① 見真似行動の機能

② 情動感情の機能

が、最低限ヒトの幼児はすでに所持して誕生していると考えます。

ヒトの幼児は、まず目の前で動くヒトのような姿に反応します。これは、ヒトの脳がもつミラーニューロンの働きによって自動的に反応するのでしょう。ヒトの場合はミラーシステムと呼びます。ヒトのような姿とその動きを目で見て、その動きをそのまま自分の動きに再現するのです。これが見真似行動と呼ばれる意識にとってもっとも初源的な状態となります。この初源的な状態とは、幼児はおそらく見真似をしているということに気づいてはいないけれども、見真似が成功すると感情は「快」を表象することになると推定します。なぜなら、見真似が成功して身体が不快を感じるのであれば、見真似を続けることができなくなり、発達が低下してしまうからです。

このとき幼児が、感じる「快」の感覚は続けて見真似を行うきっかけを生み出すことになるし、「認識」と「行動」の関連性を強化することになります。

ここに、著者はヒトの幼児が意識をより発達させるきっかけがあると感じます。これを著者は「見真似が意識の発達を加速させている」という仮説としています。加速とは自動車エンジンにおける**ターボチャージャ**（Turbocharger）のような働きをいいます。これは「自らが生み出したエネルギーを利用してより多くのエネルギーを取り込む機能」です。

## ヒトは自己意識を獲得する

生まれたての幼児が意識をもって生まれてきているかについては、いまだ確証がありません。もちろん、赤ちゃんは生きているので「意識がある」という表現がありますが、「自分の意識に気づいているか？」についてはまだ不明なのです。先の章でも述べましたが、幼児は2歳頃初めて鏡の中に写る自分に気づくという科学的データがあるのですが、鏡の自己像に気づくのはラカンのいう「鏡段階」という特別な瞬間であって、もちろんそれ以前には幼児は気づいてはいないけれども、自己の意識を発達させるプロセスがあるのでしょう。いい方を変えれば、見真似によって意識を強化しながら、最終的に「自己意識」を獲得すると私は考えています。

ですから私は自己意識を獲得するまでの意識を発達させるプロセスとは「見真似行動」を繰り返すことによって「自己と他者を区別する」という機能を発現させ、その結果自己意識が生まれると考えているのです。
私の提案する意識システムは、図6-1に示したように理性系、情動感情系、連合系の三種によって構成します。それぞれは複数のMoNADを連結して表現します。一つのMoNADはほかの幾つかのMoNADからの刺激によって駆動し、その結果そのMoNADが刺激を作り出し、それを更に幾つかのMoNADに伝えます。そして前章で述べたように、それぞれのMoNADは内部思考を説明できます。また、複数のMoNADが連結した場合でも内部思考は説明ができます。

## 考えるロボット

図6-1でいえば、入力刺激がaに入力されて、意識システムが稼働する。その結果として出力値がbに現れるが、その信号は抑制され駆動モータに伝えることができなければ、一見してロボットは一切の行動を行っていないことになります。

しかしながら、意識システムの内部を流れているプロセスは実際に存在しているわけですので、行動がなされなかったとはいえ、意識システムが何もしていなかったという結論にはなりません。行動主義者は、このときに「行動していない」ことから「内部のプロセスがない」と結論するでしょう。しかし、ロボットの場合はそのプロセスを追跡することができるのです。

このときの内部プロセスは、ＭｏＮＡＤ相互で表象のやり取りをしていると説明できます。表象とはある情報であり、ビットパターンです。ただこのときこの情報はＭｏＮＡＤ上で表現されている表象ですので、単なる数値ではなく、ある「**意味**（Meaning）」をもっていると解釈できます。なぜなら、ＭｏＮＡＤにおける表象はそれと対応する初源表象と対となってＭｏＮＡＤ上で情報循環を繰り返しているからです。そして、そのときの初源表象はある入力の認識とそれに対する行動が一貫している状態を表現しているのです、すなわち認知と行動が一貫している、そのため表象とその意味を結びつける結果となるのです。さらにいえば、認知と行動の一貫性と表象が対応していることから、この時ＭｏＮＡＤはその表象を意識しているといえるのです。また、そのＭｏＮＡＤはその表象を**理解**（Understanding）しているともいえます。なぜなら、表象の発火は「認知と行動の一貫性」と対応し、それは自分の身体の**体性感覚**（Somatic sensation）を引き起こすからです。ＭｏＮＡＤには体性感覚のフィードバックの経路があるからです（図5-2のe→b→b′という情報循環）。思考のみの場合では実際の行動を抑止していますが、行動の情報は身体を動かした時の情報を引き起こすので、結果的に身体の体性感覚を引き出すことになります。その刺激の強さは実際に行動したときの刺激よりも弱いことになるでしょう。

これは、皆さんがジョギングを実際にしている状態と、ジョギングを頭の中で思考しているときの状態とを比較してみればよくわかるでしょう。実際にジョギングをすれば、足に地面の反応が響いたり、筋肉が疲労したり、息遣いが苦しくなったりしますが、それを頭で思考しても、程度の差はあるものの同様な感覚を感じることができるでしょう。そして、この頭の中で思考するということと、頭でイメージするということは、同じことであるということも理解できるでしょう。

## 意味を理解するロボット

続いて、表象と感情について説明しましょう。

ここでいう表象はヒトが使う「言葉」との類似性があります。ヒトの脳内にあるすべての表象がそれぞれヒトが利用している言葉と対応しているかはまだ謎です。それどころか、ヒトにこの本で述べている表象が実際にあるかどうかはまだ議論が終了していません。大まかにいって行動主義者は否定し、認知主義者は肯定します。脳科学の研究からも決定的な結論はまだ出されてはいないのです。

しかし、最近の脳科学の研究で利用されているｆＭＲＩなどの脳の状態を観測できる装置によって、ある作業を行っている被験者の脳の活性化状態を観測してみると、脳の活性化が変化していることがわかっているのです。

そのときの活性化状態は脳細胞の活性化状態と関連があります。したがって、ある作業の実施とある脳細胞の活性化とが対応可能と判断できるのであれば、その脳細胞の活性化はある作業の実施を広い意味で表象しているといってもよいのではないでしょうか。なぜなら、脳細胞の活性化とはある数値パターンであるからです。すなわち脳は広い意味で表象を持っていると断言できるのです。最近、脳細胞の活性化の状態を計測して、その信号によって、ヒトの外部にある装置を制御する実験に成功しています。例えば、頭で何かを考えた時に電動車椅子を右に左にと方向を変えながら移動する実験が有名です。

これはヒトの脳の活性化状態を計測して、その情報を利用した事例といえます。

これらの例から、私は脳には表象があると考えます。そうして、MRIなどの脳の活動状態を観測できるさらに高性能な装置が開発されれば、もっとシャープにヒト脳の表象の姿を捉えることができるようになるでしょう。

さて、表象と感情の関連についてさらに検討を進めます。

日本人は昔から「言葉」を「**言霊**（ことだま）」と表現して、言葉の不思議な力を表しています。例えば言霊によれば、「風よ、吹け」という言葉によって、「発した言葉通りの結果をあらわす力（大辞泉）」が現れるのです。要するに、この言葉によって実際に強い風が引き起こされるのです。これは超自然的な現象といわれるでしょうが、もし、ヒトに対してたいへん強い言葉が発せられたとすれば、これは実際に大変大きな影響を与えることになります。

すなわち言霊の例を挙げるまでもなく、言葉は強い力をもっているのです。

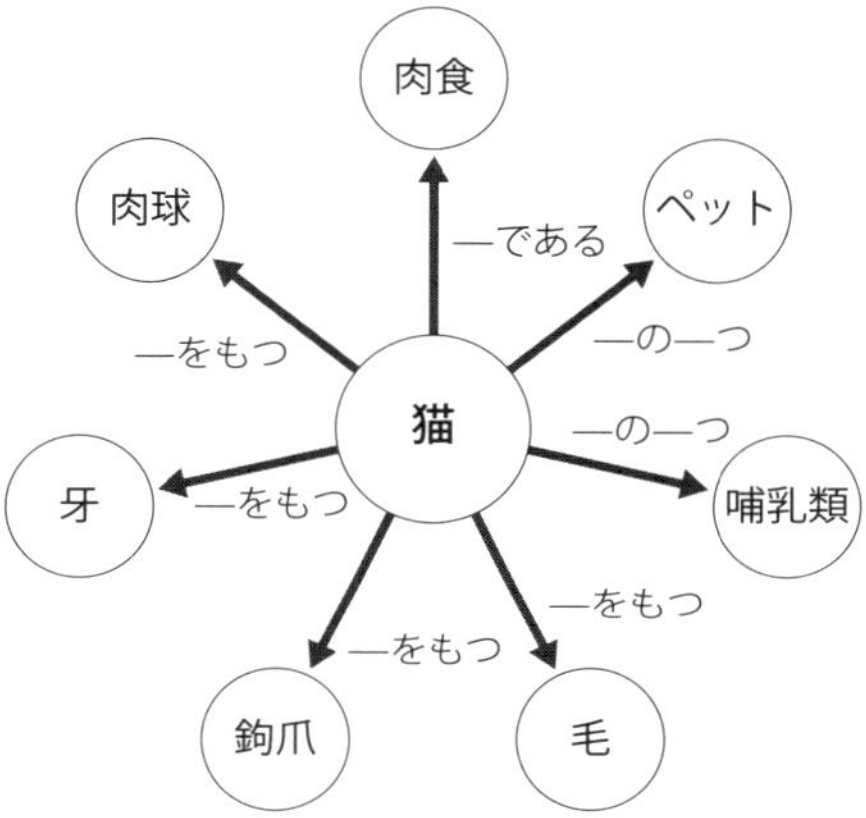


図6-2 「猫」に関わる意味ネットワーク（一部）の例

## 「チャイニーズ・ルーム」問題を解く？

私は、これは言葉が「意味をもっている」ということと同じことと感じます。

意味をもつとは、構造主義であれば「**構造**（Structure）」をもつということです。昔、言葉の意味をとらえるために**意味ネットワーク**（Semantic network）という研究がありました。これは、その言葉の意味を捉えるために、言葉に関連のある事項をグラフ的に表現したものです。例えば、「猫」は「哺乳類の一つ」「ペットの一つ」「肉球をもつ」「肉食である」「牙をもつ」「鉤爪をもつ」「毛をもつ」などの言葉がリンクしていてグラフとして表現しています（**図6-2**）。この例によると、「猫」の意味を構造的によく表現していることがわかります。

しかし私は現在の意味ネットワークが「構造的な意味」

をよく捉えることができても、「中国語の部屋」の問題をまだ解くことができない点に着目します。すなわち、意味ネットワークはまだ「完全なる中国語でできたマニュアル」にすぎず、「感情的な意味」という、意味の本質に迫ることができていないと判断しています。

そこで私は、**メルロー・ポンティー**の「**身体性の心理学**」や**ダマシオ**（Antonio Damasio）の「**デカルトの誤り**」などの考えから、「感情的な意味」とは「自分の身体から生まれる情動や感情のこと」であると考えたのです。すなわち簡単ないい方をすれば、私が「猫」を抱いたときの「重さ、柔らかさ、優しさ、匂い、愛」などの私の感じる身体感覚から生まれる感情を「猫」の感情的な意味と捉えるのです。この「感情的な意味」を検討することによって、初めて「中国語の部屋」の問題を解決に迫れると考えているのです。

第四章で述べた、言葉に対して感情的に反応するロボットは、インターネット上にあるすべての言葉を検索し、ある単語のもつ感情的な意味を計算しました。それは、ある単語が存在していた文章を発見し、その文章にある感情に関わる言葉を分析する手法によります。検索結果は、研究室にＡＫデータベースとして保管しています。そして時々データの更新をします。さて、そのデータとは「単語同士の関連性を示す数値」と「単語がもつ各種の感情に関する評価値」です。すなわち、一つの単語を指定すると、その単語に関連が深い単語群を出力し、そしてその単語の感情に関する評価値が出力します。

このように考えるとＡＫデータベースはある言葉の「構造的な意味」と「感情的な意味」の両方の

データを格納しているといえます。前者は、意味ネットワークに比べて単純な内容ですが、単語同士の連想性の評価によって、また後者は意味ネットワークにはないそれぞれの言葉がもつ感情（幸福、悲しみ、怒り、嫌悪、恐怖という5感情）の評価です。

さて筆者が開発した意識システムは、それぞれのＭｏＮＡＤが認知と行動の一貫性を保ちながら、それぞれが相互に会話するようにほかへ表象を渡しながらシステム全体が行動を実施します。その行動は意識システムの全体にとっても認知と行動が一貫している仕組みで動いているので、意識システム全体が意識しているということを説明できます。また、その意識システムの内部では理性系と情動感情系のMoNADが連合系を通じて機能していることから、理性と感情が相互に関わった認知と行動を一貫して実施しているといえます。すなわち、意識システムでは理性的な思考と感情的な思考の両方を融合して実現しているのです。

著者が開発した意識システムはヒトの意識の基本的機能をもっていると思えても、その機能を発達させて、もう少しヒトのもつ高度な認知機能を実現してみることはできないのでしょうか？

私はそのように考えて、意識システムを使って幾つかのヒトの認知機能に類似する機能を実現してみることにしました。

## 未知の世界があることを認識する

一つ目は、「**未知な情報**を認識して、それを学習することができるロボット」です。

もしこのようなロボットが実現すれば、ロボットは絶えず新しい事柄に気づいては学習できることになります。すなわちロボットは**自主的に学習**を進めることができるのです。

いままでのロボットは学習している範囲で作業することはできます。もし、学習していない情報に出会うことになったら、そのロボットは停止するか、あるいは新しい情報をすでに知っている情報に無理やりに当てはめて作業を進めるかのいずれかです。前者は動きを止めてしまうのであればロボットとしての意味を失いますし、後者であれば決まり切った作業を繰り返すだけになり、発展の可能性を閉ざします。これも知能ロボットの名にふさわしくないでしょう。

知能ロボットであるならば、与えられた未知の情報をあらたに自らの知識として取り込んで、その新しい知識を利用して、よりよい作業を自ら構築することを期待したいものです。

しかし、この問題はなかなか難しい点があるのです。

一つ目は、「与えられた情報が未知であると、どのようにしてロボットは認識できるのか」という問題です。従来型のロボットであれば、与えられた情報がすでにロボットの記憶の中にあるかないかというチェックをすることになります。例えば、一番単純な考えでは、ロボットに知識を蓄えておく**記憶装置**（一般にはメモリという）があって、その場所に情報を蓄えておくのです。そしてその記憶場所のどこかに、例えば「犬」という文字が記憶されているとします。そのとき、ロボットが「4つ足で歩行する動物」を目の前に見て、それがヒトによって「犬」という言葉で表現されたと考えて下さい。そうするとロボットは、「4つ足で歩行する犬という動物」について知識があるかを調べることになります。それは、間違いなくロボットの記憶装置を隅々まで調べて、その知識に該当する情報を探すことになります。素早く探し出す仕組みがあったとしても、基本的に記憶装置の記憶されている総量に比例する時間が必要となります。基本的には、与えられた情報と記憶している情報との比較を、すべての記憶する領域に対して調査するという作業をするのです。

もし、与えられた情報が未知の情報であったなら、ロボットの記憶装置のすべての情報を比較しても、同一の情報がないことになります。そのとき、ロボットがその情報を未知であったと判定することになります。

それも基本的にあり得ることですが、いくつかの高速化の仕組みがあるにしても、記憶装置のすべてを調査の対象とするというやり方は、あまり知的ではないし、ヒトの場合とは随分異なるように感じます。

ヒトが未知の事象に出会うと、どのようなことが起こるでしょうか?

まず未知の事象はそれを表現する「言葉」が見つからないことになります。

「犬のようであるけれど猫のようでもある」とか「犬でもなければ猫でもない」という表現となります。どうしても「言葉」が見つからないのです。認知科学での説明となれば、「表象」が見つからないことになります。そして、ヒトの脳内で「犬」と「猫」あるいはそれ以外かという情報探索が繰り返されることになります。「犬」か「猫」と思考が繰り返されるのです。

本当に情報探索が行われているのかと、読者の皆さんは思うでしょう。

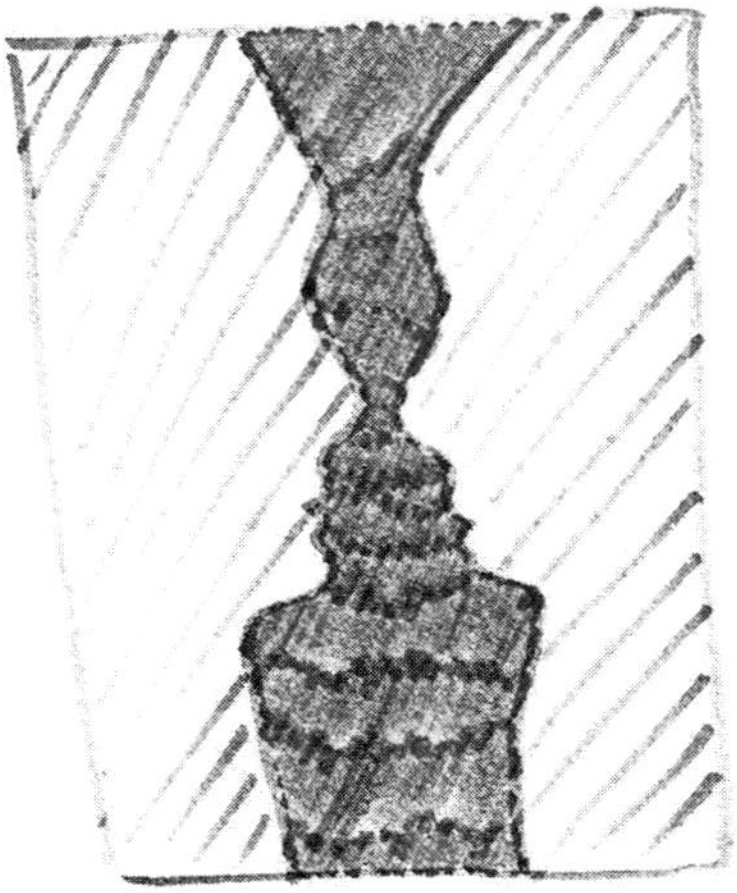

図6-3　ルビンの杯

## 止まらない思考

これは、心理学で行われる**錯覚現象**として有名な**ルビンの杯**（Rubin's cup）を例に示して説明しましょう（**図6-3**）。

「ルビンの杯」とは、デンマークの心理学者である**ルビン**（Edger Rubin）が1921年に発表したとされる**騙し絵**（Trompe-l'œil、仏語）の一つです。

「二人の若者が顔を向き合わせている」と見えるし、あるいは「大きな杯が置いてある」とも見えるのです。一つの図が二つの見え方をするのです。一般的にこれは**多義性**（Polysemy）の図といわれます。要するに一つの図が複数の意味をもっているのです。

この例では被験者が絵のどの部分に注意を向けるかによって解釈が異なります。周りの白い斜線部に注意を向ければ、ヒトが向き合ったように見え、中心の黒い部分に注意を向ければ、大きな杯に見えます。そして、この二つの解釈は一つには固まらず、ヒトは二つの解釈の中で揺らぎ続けるのです。そのとき、ヒトが何らかの理由によって一つの解釈に決めてしまえば、この揺らぎは止まることになります。未知の情報の場合は、この**揺らぎ**を止めることができないのです。要するに止める理由が見つからないことになります。計算機でこの決定をしようとすると、止まらないことになるのでしょう。無限の繰り返しになるのです。

ヒトの場合は、これは多義性の特殊な図であると判断し、思考の繰り返しを停止させるのでしょう。これは、ヒトのもつ**メタロジカル**（Meta-logical）な決定です。メタロジックとは、あるシステムの状態を一段上のシステムが判断する仕組みをいいます。ようするに、ヒトは自主的に思考の繰り返しをしていて「それが新しい方向を目指すことがない」と判断して思考を停止することができるように思えるのです。

この仕組みは**計算論的手法**（Algorithmic procedure）としてまだ有力な提案がありません。しかし、著者が開発した意識モジュールＭｏＮＡＤは、交差する二重の再帰的ニューラルネットワークによってメタロジカルな対応を可能としています。なぜならば、表象部は初源表象部の状態を表象しているという仕組みをもち、それによって二重の表象を実現しているからです。

この考察から、もしかするとＭｏＮＡＤは効果的に未知の情報を認識できるのではないかと思いました。そのとき、私は大変面白い本に出会いました。

## 考えがまとまらない、認知が不協和の現象

アメリカの心理学者である**フェスティンガー**（Leon Festinger, 1919-1989）の「**認知的不協和**（Cognitive dissonance）の理論」です。**社会心理学**（Social psychology）において、ヒトの**社会的行動**における認知科学的な理論を打ち立てた研究者です。この理論を説明するために、よく使われる例がイソップ物語の「すっぱい葡萄」のお話です。

おなかをすかせたキツネが森を散歩しています。そこに、豊かに実った葡萄を見つけました。ところが、それらはみな高い木の上にあって、キツネは飛び上がったりして採ろうとしましたが採れません。そして、キツネはそこで考えました。「すべてはすっぱい葡萄に違いない」と。このキツネの行動の変化を心理学では**合理化**（Rationalization）という言葉で表現します。これは、自己を防衛するために行動を**正当化**（Justification）することです。

すなわち、キツネは空腹ではあるけれども、葡萄をどうしても採ることができないために、「葡萄はすっぱくて食べることができない」と考えることによって、その場から立ち去るという行動を正しいと

して、心の平安を保とうとしたのです。

もちろんキツネの気持ちはわからないけれども、イソップはヒトの気持ちをキツネに例えて面白いお話にしたのでしょう。

フェスティンガーの「認知的不協和の理論」によると、
(1) 認知的不協和があるときは、心理的に不快となり、それをヒトは低くするようにするだろう
(2) さらにヒトは不協和を避けようとするだろう
要するに、キツネは「空腹にも拘らず、葡萄を採ることができない」という心理的な不協和という不快が生じたため、その不協和を減じるように「葡萄はすっぱくて食べられない」と不快を減じようと動機づけられた思考をした、という理論なのです。

この理論を読んだときに、私のMoNADはそのまま使えると感じたのです。

彼は不協和をもたらす対象が認知要素であると説明していることから、そのまま解釈するのであれば認知要素とはヒトのもつ認知を司る部分ということになります。そうであれば、認知要素とは私の理論であればMoNADとなります。そして、MoNADは情動感情の機能ともなります。すなわち、MoNADの状態を快・不快という表象にリンクすることによって、その刺激から新たな行動を生み出すことができることになるのです。

私はフェスティンガーの理論のアナロジーから、「キツネとすっぱい葡萄」という心理学でいう合理

性の行動を計算論的に機械上に実現することができるし、それは強いてはヒトの心理学的な合理性という行動を理解する**計算論的モデル**（Computational model）を実現することができると考えたのです。

ここで、**未知情報の認識**という問題に帰ります。

いま、色情報を認識するＭｏＮＡＤがあるとします。そして、それはすでに色の**三原色**（赤、緑、青）が認識できるように志向性を学習しているとします。もちろん、このＭｏＮＡＤに赤色を入力すると、「赤」であるとの認識に成功することになります。しかし、三原色以外の色を提示したらどうなるでしょうか？ 単なるニューラルネットワークによる認識であれば、おそらくは提示された色の配分によって認識できることになります。例えば「紫色」が提示されたら、赤の色の要素が強い紫であれば、結果的に「赤色」と認識することになります。すなわち、通常のニューラルネットワークであれば、すでに学習している三原色（赤、緑、青）以外の認識はあり得ないことになります。この例では、未知の情報を既知の情報に無理やりあてはめて認識したことになります。

しかし、ＭｏＮＡＤは二つの再帰ニューラルネットワークが交差して、その情報の循環の中で認識をするような設計となっています。図5-2におけるｄ（ｃ'）→ｅ→ｃという情報循環です。このとき、もし既学習の色（赤）が提示された場合は、この情報循環は素早い**収束**（convergence）を示しますが、**未知の色**が提示された場合はその収束が遅れることになります。なぜなら、既知の情報はすでにすべてのニューラルネットワークにおいて素早く収束するように学習がされているけれども、未知の情報はそうではないからです。すなわち、ＭｏＮＡＤの収束状況を観測している部分をＭｏＮＡＤに付加すればよいのです。そして、その部分から出力する情報を、情動感情系のＭｏＮＡＤで「快・不快」に表象します。いまは「未知情報」であれば「不快」に表象します。そこで疑問が生じるでしょう。どうして、その情報を情動感情系にリンクするのか？　です。何も感情という言葉を使わなくてもよいのでは、という疑問です。

工学的なシステムをただ実現するというのであれば、その通りだと答えます。しかし、このシステムはヒトの意識を模倣することを目的としているわけですし、それによってヒトのもつ生命的な合理性を理解し、それを将来ヒトのために役立てる目的をもっているのです。また、これはフェスティンガーの理論に準じていると考えます。すなわち、この理論における認知要素をＭｏＮＡＤと置き、認知的不協和をＭｏＮＡＤの収束性の遅れと置き換えたのです。そして、不協和によって不快が生じるという部分を情動感情系のＭｏＮＡＤを不快に表象するとしたのです。

この例では、情報が未知であるか否かの認識に単一のＭｏＮＡＤの状態を利用しましたが、複数のＭｏＮＡＤ間の不協和をどのように取り扱うのかについては今後のテーマとしています。「キツネのすっぱい葡萄」のお話を実際のロボットで実現するにはまだ時間がかかるでしょう。しかし今後、**社会性をもつロボットの実現**はすでに第一歩を踏み出していることは、読者のみなさんに理解して頂けると思います。

# 第7章

# ヒトを理解する道

## ―すべては創造力から始まった―

CHAPTER 7

さて、この章が最終章となりますので、ここでは筆者の開発した意識システムの社会に対する波及効果や起き得るだろう未来について述べようと思います。

私が開発を進めている「意識するロボット」は、刺激を受けると反応する仕組みをもっています。皆さんは**カタツムリ**（snail）の角を触るとスッとそれを引っ込めることはご存じでしょう。本当はヒトの眼にあたる機能のようです。すなわち、角に刺激があると、その刺激によってカタツムリはヒトの筋肉に相当する機関を使って角を身体に格納するのです。これは身体の一部を外部からの刺激から守ろうとする行動と考えられています。しかし、角に続けて何回も触っていると、初めは素早く格納しますが、その速度はだんだんとゆっくりとなります。私は子供の頃、これが楽しくてポケットに一杯にしたカタツムリを家にもち込んで、母に大いに叱られたことを思い出しました。

## カタツムリの意識

カタツムリに脳と呼べるような神経ネットワークがあるかどうかは不明ですが、カタツムリの研究者によると、ヒトの脳に相当する**脳神経節**というものがあるそうです。これは、比較的単純な神経の塊を意味しています。

カタツムリにヒトの意識のような高度な認知機能があるかどうかも不明ですが、何回も角を触ると格

納するスピードが落ちるので、カタツムリにもヒトの記憶に類似する機能があるようです。

「ヒトには意識があって、カタツムリには意識がない」ということを明確に決めることは大変難しいことであると思いますが、この作業はヒトの意識の謎を解明していく一つの道です。

いま私が考えているのは、もし私の人工ニューラルネットワークでできている意識モジュールＭｏＮＡＤがヒトの意識の機能をよく説明できるのであれば、もしかしてヒトの脳と身体に張り巡らされている神経回路網が同じような仕組みをもつのかも知れないと予想できることです。

もちろん、私は意識のモジュールを開発するにあたってヒト脳の研究レポートなどからＭｏＮＡＤに類する構造をもつ神経回路網を見い出して、そこから大いに研究の**インスパイア**を受けました。例えば、手足から始まる神経経路は脊髄を脳に向かって集まり、脳の中心部にある視床といわれる神経が集中した部分を経由し、そこから脳の表面にある皮質に到着。また皮質から出る情報は視床に戻り、そこから身体の手足に神経の線維を伸ばしています。これは一つのＭｏＮＡＤの構造と見えます。インスパイアとは、精神的に強い影響を受けることをいいます。それ以外でも、多くの着目できる神経網が見えます。

この部分がヒトの意識の機能にとって重要な要素となっているのかということは、未だ断言できません。しかし私のＭｏＮＡＤを用いた意識システムが「ロボットの鏡像認知の実験」に成功したことにより、ＭｏＮＡＤの仕組みがヒト意識の機能を解明する一つの道となっていくことが期待できます。もし、有力なほかの候補があるのであれば私はそれを検討する必要がありますが、それまではＭｏＮＡＤがヒトの意識を説明できる唯一の候補でしょう。

## 構造と機能を特定する

もちろん、その道には困難が予想されます。もっとも難しい部分は「**構造と機能**（Structure and function）」という問題です。これは、すでにこの本の中に書いていますが、そこでは意味の「**構造と感情**（Structure and feelings）」という表現にしています。すなわち、ヒトの意識を解明していくためには、その構造を見出すだけではなく、その意味について見出す必要があるのです。これは、先に述べたように「中国語の部屋」の問題に答える必要性があるのです。「構造」を捉えるだけでは不十分で、その「意味」を捉える必要です。それで完了かというと、まだ不明ですが、まずは大成功といえるでしょう。

生物体がもしMoNAD構造をもつのであれば、その生物体が意識をもち得る存在であると判断できる第一歩といえます。カタツムリのもつ神経回路にもしMoNAD構造があるのなら、カタツムリがヒトのように思考をもち考えることができる、すなわち意識をもち得ると判断できます。そのように私は考えているのです。

私は、KANSEIという感情を表現するロボットを開発し、「どのような言葉にも感情的に反応できるロボット」を作りました。これは単に、ロボットに感情表現ができるように、笑ったり、悲しんだり、できるようなプログラムを搭載したという単純なものではありません。単語のもつ感情的な意味をインターネットの文章から自動的に分析するプログラムをロボットに搭載しているのです。すでに述べたように、インターネットの文章は世界中の人々によって、ある意味を他の人々に伝えるという意図をもって作られています。そのため、その文章を構成している言葉は、それぞれの言葉のつながりや、つながりから表現されている感情的な意味をもっているのです。

ですから、感情を表現するプログラムであるという点では同じですが、KANSEIでは「言葉と感情を合理的に結び合わせることに成功している」といえるのです。その合理性は「ヒトは死ぬ」という命題と同じくらいの正当性をもつと信じています。

また私は鏡に写る自分に気づくロボットを作りました。そのロボットは「**ミラーロボット**（Mirror robot）」と呼んでいます。これはＭｏＮＡＤと呼ぶ特殊な構造をもつ神経回路を複数リンクしていて、理性系・感情系・連合系という基本構成をもっています。そしてこのロボットのもつプログラムは、ヒトの意識の大半の現象を説明できます。

## それは単なるプログラムだ

このロボットは鏡の前で動くことによって、鏡に写る自己像を自分であると判断することができます。この実験の成功はＫＡＮＳＥＩと同様に世界で先駆けた発表となりました。そしてそれはアメリカのメディアであるディスカバリーチャンネルという有名なテレビ局によって公表されました。それは、ＫＡＮＳＥＩが「感情につながっているロボット」として、ミラーロボットは「自己に気づくことができるロボットの実演（Robot Demonstrates Self Awareness）」としてです。

ミラーロボットの報道は、グーグル（Google）の「**self aware**（自己の気づき）」というキーワードによる検索によって、公開直後の単語ヒット数が数百件であったのにも拘らず、わずか半年後には１３

0、000、000件がヒットすることとなり、情報の爆発を引き起こしたのです。そして、私の記事の紹介は、そこでいつも研究紹介としては第一位でした。

Webの中には、フォーラムが展開されて、私の研究に関する議論まで起こりました。私はその議論には加わりませんでしたが、研究者として大変素晴らしい思いをしました。なぜなら、私の研究について大変熱心な議論が展開されていたのです。そんなことが私の生涯の中で起きようとは思ってもいなかったからです。

その議論の幾つかを紹介しましょう。

(1) それはランプを光らせるただの認識プログラム（Recognition program）にすぎません。
(2) スカイネット（SkyNet）の支配がはじまる。
(3) セックスボット（Sexbot）の開発者。
(4) ヒトの意識にははるかに遠い存在。

最初の議論は、私の開発した意識のプログラムが「意識」と名づけるようなものではなくて、単なるロボット上に構築したプログラムにすぎないという主張です。

私は単なるプログラムを作ったのですが、重要な点はそのプログラムがロボット上で動くと、ロボットがあたかもヒトのように魂を獲得したようになる、そしてそのプログラムによるロボット上に流れる情報はヒトの意識の現象をほとんど説明できるという特徴です。他の類似のプログラムが「そのどの部分を検討してもヒトの意識の欠けらも説明できない」のに対して、私のプログラムはロボット上で機能すると「ヒトの意識の現象のほとんどを説明できる」ところがもっとも重要なのです。

先に述べたように、ヒトの脳を構成している脳神経回路は人工ニューラルネットワークという数学で表現できることがわかっていて、それは計算機のプログラムそのものと考えることができます。ですから、その議論は正に的を射ているといえます。しかし、その思考を支えている背景は、計算機プログラムとヒトの意識は何の関係もない、という考えに支配されているところが問題といえます。

## ロボットとの戦争が始まる

2番目の議論を検討してみましょう。

スカイネットとは先の章で紹介したアメリカの有名な未来サイエンスフィクション「ターミネーター」という映画に出てくる世界中に張り巡らされた軍事用の人工知能ネットワークです。映画の中で、スカイネットは自らの能力に気づきヒトの抹殺を企んで「**ヒトと機械との戦争**」を引き起こしたのです。

ヒトの近未来を予想した、大変恐ろしくも興味をそそる映画です。

この映画は単なるフィクションですが、近未来で起きるヒトの危機を予言しているともいえます。作品はもちろんヒトの想像力によって作られたお話にすぎませんが、現実の世界に本当に起きそうに感じられます。「ヒトと機械の戦争」というテーマは過去の作品に多数の類似があります、例えば代表としては「**フランケンシュタイン**」です。この作品はヒトが作り出した怪物がヒトを襲うという内容で、先のテーマを十分予想させます。しかしながら、「ヒトと機械の戦争」は実際の世界にはいまだ起きたことはないので、「想像」というよりは、ヒトが作り上げた「創造」であったといってもよいと思います。

私はこの戦争が起きる危険が十分あると思います。映画などでヒトが想像していることは本当に起きる可能性があることを示唆しています。

そうすると、読者の皆さんは「それではあなたは直ちにあなたの研究を停止すべき」と主張するでしょう。しかし私はこの研究をいま放棄するつもりはありません。なぜなら、この研究がいままでの想像を越えて**豊かな果実**をヒトにもたらすと予想できるからです。これについては後ほど述べます。また、もし私が研究の放棄を決めたとしても、この研究に類する研究はすでに世界中で進められていて、誰かが必ず研究を進めていくと思われます。なぜなら、この研究は「**ヒトの理解**」というどうしても避けては通れない研究テーマであるからです。「ヒトの理解」を進めることがヒトの役に立つ「科学技術」を生み出すための必須の条件ではないでしょうか。驚くことにヒトは自分自身のことをまだほとんど理解していないといえます、それは「宇宙を理解すること」に匹敵する規模といえます。しかし、ヒトの理解はそれが地球上に生存しているという点で宇宙の理解よりもアプローチしやすいといえるでしょう。

## 自分の尻尾に噛みつく蛇

この止められない科学技術の進歩は、かつてドイツの哲学者ニーチェが例えた、「**ウロボロス**（Uroboros）」自分の尻尾に噛みつく蛇です。ウロボロスとはもともとギリシャの古代から「始まりも終わりもない」**永遠**（Eternity）を意味するシンボルです。

しかし、私たちは最近これを自分の尻尾から自分自身を食いつくしてすべてを消滅させてしまう「**自滅のシンボル**」のように感じ始めています。これは**科学技術の宿命**ともいえるシンボルなのではないでしょうか？

すでにギリシア時代のヘロンによって作られた装置として知られていた蒸気機関は、制御が難しい危険な装置と見られていましたが、**ワット**によるガバナーの発明によって安定的な利用が可能となり、いわゆる**蒸気機関車**が出現します。この装置は強い力を発揮して重い荷物や人々を短い時間で非常に遠くに運ぶことができたのです。これは何度も説明しましたね。

ルネッサンス時代のダ・ヴィンチによって計画されていた**グライダー**と呼ばれる飛行装置は、新大陸のアメリカで自転車製造会社を経営していた**ライト兄弟**（Wright brothers）によって、当時発明されて間もないガソリンエンジンの回転メカニズムにプロペラを取りつけ東部海岸の砂丘から飛び出し、**飛行機の誕生**となったのでした。これは飛行機に取りつけたエンジンというアイデアよりも、特殊な体重移動装置によって飛行機を自由な方向に旋回させることができた点が重要な部分であったといわれています。それ以降、**ジェットエンジン**の発明などによって、いわゆるジャンボジェット機が出現し、人々をさらにはるかに遠方に移動させることができるようになりました。さらにいまでは**ロケットエンジン**がヒトを宇宙に運び、地球以外の場所で生活ができるようにもなっているのです。

自動車や飛行機はヒト自身によって、その安全な利用についてもその管理がある程度成功しているといえます。

また、ポーランド出身の**キュリー女史**（Marie Curie, 1867-1934）はフランスの大学で〝ある物質〟からエネルギーが放出されていることを発見し、それは**核エネルギー**の開発に関連していきます。この技術は各種の医療に用いられ、とくに癌を治療することにも使われています。

しかし、この技術はそのあまりにも巨大なエネルギーによって、いまだ安定な制御技術の開発には到達していないといえます。そして核エネルギーはその巨大なエネルギーゆえにヒトによる小さなミスによって、あるいは自然の量り知れない巨大な力によって制御を失うことで人類に甚大な危険をもたらすという問題があり、福島の**原子力発電所**の災害で見られる通り、その方面での技術的な利用については、現在世界的な規模での見直しが進められています。

このように科学技術とひとことでいっても、**科学**（Science）は人々に豊かなエネルギーを発見・発明する役割があって、その**技術**（Engineering）はそれを**経済メカニズム**の中でヒトのために成長させる役割があるのです。そして、それらの技術をヒトのために役立てるためにヒト自身によって安全を確保するための注意と管理への不断の努力が必要となるのです。

したがって、私たちは「ヒトと機械の戦争」が起こらないように、注意とその技術の管理が将来必ず必要となるといえます。

## セクシーなロボット

第三の議論に進みます。

私の研究が「機械が意識や感情をもつ」という可能性について第一歩を進めたために、ヒトとロボットは近未来で心の交流が可能となることが予見されると思います。それも、私の研究は単にロボットが「感じているように見える」というだけではなく、ロボット自身が身体そして心で**感じる**ことができるという技術の可能性を示しました。その結果「**セックスボット**」という表現が現れました。この言葉が意味するものはおそらくは「セクシーなロボット」でしょう。

残念な予想ですが、「ヒトと機械の戦争」とは双極の一方として起き得る事態でしょう。これは「**ロ**

**ボットの人権**」という問題に関わります。

私が大学院で「**意識システム特論**」という授業をしているとき、一人の学生が「もしロボットが感じることができるのであれば、権利が生じるのではないですか？」と質問しました。とても素晴らしい発言で、おそらくそれは正しく、「ロボットの人権」という問題についていずれは議論を一層進めなくてはならなくなるでしょう。

ここで私は「ロボットの人権」といいましたが、「ロボットの**ロボット権**」ではありません。もちろん、これはまだまだはるかに遠い未来の話です。ロボットに人権が生じるのならば、**モラル**や**倫理**の問題が生じることは当然のことでしょう。

さて、最後の議論です。

## 果てしない挑戦

確かに、ヒトの意識の解明には果てしない時間が必要かもしれません。しかし、重要な部分を一歩一歩解明するように進めることが大事です。先にも述べていますが、例えば、時を刻む装置である「**時計**」は、ガリレオによる振り子の**等時性原理**の発見とホイヘンスの**サイクロイド振り子**（Cycloidal pendulum）を利用した理想的等時性の確保という二つの発明によって、一挙に実用的規模の「**振り子**

時計」として実現しました。その後は「**トゥールビヨン**（Tourbillon、仏語）」の発明、クオーツ、原子時計（Atomic clock）と改良が進められたのです。このように、まずは重要な原理を発見することが大事なのです。そしてその後「完全にくるいのない時計」を完成させるために、さらに果てしのない時間が必要となるのです。

さて、続いて「豊かな果実」についてお話をしようと思います。

人工意識がヒトの意識の機能を説明できるのであれば、人工意識をロボットに搭載することによってロボットはあたかもヒトとほぼ同様な対応が可能となります。そのロボットは冗談をいうことができるので、楽しい相談相手になるでしょう。でも、皮肉もいうこともできるので、ちょっと憎らしい相手ともなります。

また、命令をしても「いやだ」というかもしれません。例えば、川崎駅にいてロボットに「新宿駅のマクドナルドへ行ってチーズバーガを二つ買ってくるように」と命じても、ロボットは「いやです」というかもしれません。そこで、なぜいやなのかを聞くと「川崎駅にもマクドナルドがあります」と答えるかもしれません。それに対して「新宿のマクドナルドが私は好きなのです」というと、ロボットは「私には理解できませんが、新宿で買ってくることもできます」と答えるかもしれません。

## 心遣いのできるロボット

また、「大雨が降って家の床下が浸水したかもしれない」と嘆くと、ロボットは「もしデジタルカメラがあれば、それを床下の通風口から入れてフラッシュを使って画像を撮って確認すればよいのでは」と提案してくれるかもしれません。

要するにロボットがクリエイティブになるのです。

**病気の患者**や**高齢者**のためには、言葉を選んで気遣いができるロボットが出現するでしょう。例えば、心臓病の患者に「心臓が止まるときは痛くありませんよ」などという**ズレた会話**は相応しくなく、意識するロボットは「大丈夫ですよ、安心してください」と声をかけることができるのです。すなわち、意識するロボットは**気遣い**ができます。相手の気持ちを推し量って会話を、**優しく、親切に**進めることができるのです。

しかし、豊かな果実とは、このようなロボットが開発できるというよりかは、意識するロボットの研究を進めることによってヒトの理解が一層進むという部分が重要です。例えば、ヒトの意識の謎はいまだ解決されない状況ではあるけれども、その理解への第一歩を進めることができるでしょう。すなわち、人工意識の研究が進めば、ヒトの**意識の座**を特定できるかもしれません。その結果として「もし何らかの事故によって意識の回復できない患者の意識を回復させる」ことができるかもしれません。A地点とB地点、そしてC地点を次々と特定の刺激を与えると意識のレベルを少しずつ上げることができるようになるかもしれません。

## 脳病治療への鍵

さらに、何らかの病気によって身体の一部が麻痺してしまった場合、例えば脳梗塞によって左手が麻痺している場合は、その部分を「意識を失っている部分」と考えることができます。麻痺している部分は脳がその部分を感じることができず、また動かすこともできないので、意識を失っているという定義はそれほどずれているわけではないと考えます。そのとき、人工意識の理論に基づき、動かない手の筋肉や関節に刺激を与えると同時に脳の適切な部分にも刺激を与えることによって「いままで意識できなかった部分を、意識できるようにする」ことが可能となるかもしれません。動かない手の筋肉や関節に刺激を与えるために、ミラーセラピー（後述）を使いながら、かつロボットのような機械装置を使いながら、動かない手を実際に外部から動かしながら脳への刺激を与えることが考えられます。

先に私は「幻の痛み」について紹介しました。これは、事故によって手足を失った患者が、失った手や足が痛むことをいいます。要するに「幻の手や足の痛み」ということです。「痛み」が生じている部

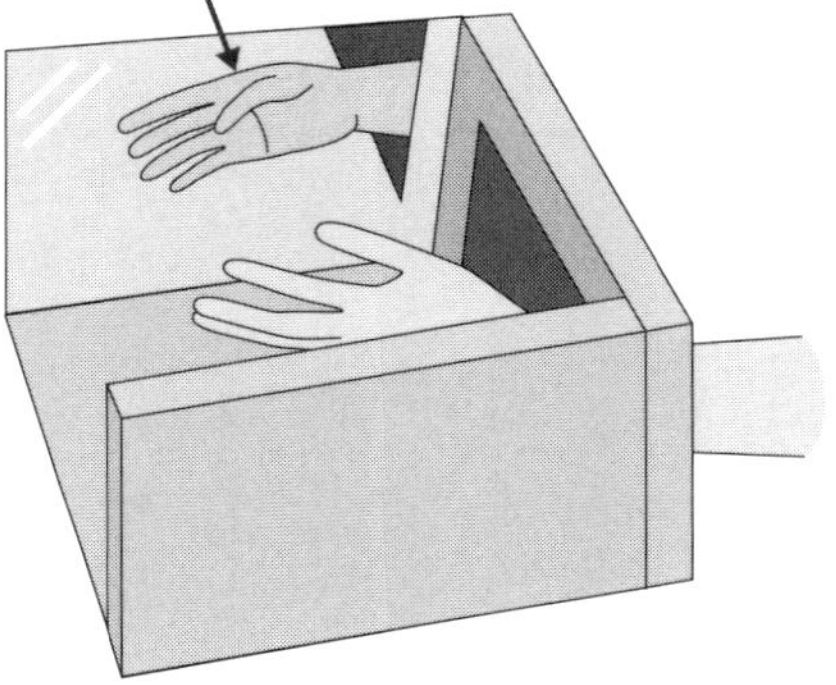
鏡に写った左手の映像が右手のようにみえている

図7-1　鏡治療の様子。脳は失った右手が復活したと錯覚を起こすようだ。

分はすでに失っているので、治療が困難と考えられるものです。残った部分をさらに短く切断する治療を行った記録があるようですが、「痛み」は消滅するばかりかますます強くなってしまったそうです。

しかし、アメリカの脳医学者である**ラマシャンドラン**(Vilayanur S. Ramachandran)博士があるとき鏡を使う治療を考えつきました。それは鏡の鏡像を利用する治療で、**鏡治療**(ミラーセラピー)と呼ばれています。もし、右手を失っているのであれば、右側に鏡を置きます。そして、その鏡は患者の正常に動く左手の映像が患者にとって右手のように見えるように配置します。すると患者は失っていたはずの右手がまるで復元したかのような錯覚を感じるようなのです。そして患者はその錯覚によって生じている右手を見ているうちに「幻の痛み」が消失したのです。これを博士は鏡治療と呼びました(**図7-1**)。

## 鏡治療と理想の人工義肢

この画期的な治療法は世界的に有名となりましたが、博士は痛みが消失する原因は不明としました。もし私の人工意識の理論による考えをここで述べることが許されるのならば、「幻の痛み」とは脳の解釈する痛み、すなわち「**精神的な痛み**」であると考えることができます。

すなわち脳は「痛みを表象した」のでしょう。そしてその原因は「あるはずの右手がない」という「**心の痛み**」が考えられます。

これは、フェスティンガーの認知的不協和の理論からも説明できます。脳は存在しない右手を認識できませんが動きを命じ続けます。しかし、その信号は右手がないので動かすための信号にはなり得ず結果的に右手を動かすことができません。したがってもちろん失った右手からの筋肉や関節からの信号が順調に脳へ返されることはありません。ここに、認知の不協和が生じます。また視覚からの情報は右手が上手く動いてはいない、右手がない、という状況を認識することによって、脳はいまだに右手の存在を記憶していることから、ここにも認知の不協和が生じます。

このような認知の不協和は「**不快**」を生じさせるとフェスティンガーはいいます。

私の理論では、これらの不協和は感情における急激な「不快」を上昇させ、その情報は情動の「痛み」

を発生させることになると説明できます。なぜなら、感情と情動は双方向の情報通信をしているからです。すなわち、「痛み」は「不快」を引き起こし、逆に急激な「不快」の上昇は「痛み」を引き起こすのです。しかし、鏡治療によって「失った右手」が鏡に写る左手の動きを「復活した右手」と脳は勘違いすることによって、ある程度の「認知の不協和」の状態を解消させることに成功したのでしょう。その結果、「不快」が消滅し、さらに「痛み」が消滅したと説明できるのです。

ここで、もうひとつの着目点を述べたいと思います。先ほどの「**錯覚**」についてです。鏡に写った左手を「失った右手」と錯覚した話です。なぜ脳が錯覚を起こしたのでしょうか？これが問題です。

この説明は私のミラーロボットの鏡像認知の成功によって可能となります。

ミラーロボットの実験は、自分の写る鏡像が「自分の一部より自分に近い存在」と認識できるという根拠を示しました。

これによると、鏡に写る自己像は「自分の一部より自分に近い存在」すなわち「**自分そのもの**である」となるわけで、ヒトの脳がもしミラーロボットと同様に機能しているのならば、先ほど鏡に写った左手を脳は「失った右手が復活した」と錯覚する、すなわち、「右手の存在を感じる」ことが十分可能であることになります。

そして、この説明はミラーロボットの実験から、もう一つの重大な提案を引き出します。

もし、右側に設置した鏡を取り去り、そこに鏡に写る左手と同様な動きを示す人工の手（**義手**）をそこに設置するのならばどのようなことが起きるのでしょうか？　それはミラーロボットの実験の結果と同様に「自分の右手がそこにあると感じることができる」のではないかと推測できます。しかも、それは人工的に作られた義手であるのにも拘らずです。したがって、人工意識の理論によるミラーロボットは人工的に作られた義手であるにも拘らず、それを自らの手であると感じることができる技術を支持しているのです。

もうひとつの果実は、人工意識に支援されたヒトにおける認知と行動のモデルを提案できることです。現在、脳病はよい薬の開発によって治療が進むようになりましたが、人工意識のモデルによって、その治療が脳細胞とそのネットワークの治療へと進むことができるようになるでしょう。

しかし、それには人権、モラル、倫理への一層の検討が必要になります。

次に、意識システムは自覚できる仕組みをもっているため、それとフェスティンガーの理論を利用して、システム自体がその不快の状態に気づき、その不快を他のシステムに伝搬させないことが可能となります。

## 大規模なシステム破壊を自ら防ぐ

例えば、世界的規模のネットワークシステムにおいて一つの銀行支店が誤った処理をしたとします。

その誤りは次々と他の支店に伝搬して、世界規模のシステム全体が停止してしまうと考えられます。しかし、意識システムによって**自覚のメカニズム**が働く場合は、その誤った処理を行った銀行支店のシステムが不快の状態になり、それに気づいて、自らのシステムを停止させるとともに、それを他のシステムに知らせることができます。

これは**誤り符号の訂正**（Error detection and correction）などの**デジタル信号の通信**に関する手法とは異なり、**概念の誤り**や**未知概念**を発見するなどの高度な判断といえます。概念の誤りとは、ここでは幾つかの概念の組み合わせが、いままでの経験からはるかに逸脱している（不協和という）などと説明しておきます。

またこの**自覚システム**は決して世界中のシステムの情報をすべて調査する必要がないだけではなく、意識システム自体の情報すら調査する必要がない点にも注意をお願いします。これは意識システムがもつ**メタ認知**（Meta cognition）と呼ばれる仕組みです。すなわちシステム破壊は小さな部署に留まらせることが可能となります。誤り符号の訂正という従来の手法では概念の誤りに気づくことができないのです。そしてさらに意識システムはその誤りを自ら修正することも可能と考えられます。それは、「不快」の表象を「快」の表象となるように内部からの刺激を作り出すことです。

もうひとつの研究を紹介します。

ＭｏＮＡＤの情報循環の困難さを検出することによって、与えられた情報が未学習であることを認識できます。これは、ニューラルネットワークがすでに学習されている内容であれば、その収束が素早く起きる点、未学習であれば収束が遅いという点に着目した研究です。先に少しアイデアを紹介しました。もう少し詳しくいうと、意識システムが未学習の対象に出会うとＭｏＮＡＤの**予期情報**（行動表象および認知表象）が大きくズレル現象が生じますが、既学習の対象であれば予期が安定してすぐに収束するのです。

## 未知の世界を学習し尽くすロボット

このＭｏＮＡＤの現象を利用すると、意識システムは与えられた情報が**未知の情報**であることを認識し、その刺激を利用してシステムは与えられたその情報を新たに学習することができます。例えば、すでに「赤、緑、青」を学習しているところに、「紫」という未学習の色が提示されると「紫は未知の色」であると認識し、その色を新たな色として学習するのです。要するに意識システムは「赤、緑、青そして紫」の色を学習したのです。そしてさらに「黄」を提示すると、それも新たに学習するのです。また学習した色のそれぞれは重複しません。なぜならば、ＭｏＮＡＤシステムによって認識できなかった対象を新たな対象として学習しているからです（**図7-2**）。

したがって、意識システムはシステム外の環境を認識するだけではなく、システム内部の状態をも観

図7-2　未知の色「紫」を検出し、その色を新たな行動にリンクする実験

測できるのです。すなわち意識システムはシステムの状態をシステムの内部自身から観測できる仕組みです。しかし、この仕組みはメタ認知であって、ホムンクルスのようにシステムの上位にある他のシステムが観測しているわけではありません。したがって、意識システムではそれをメタ認知と呼んで区別するのです。その違いは、下位のシステムの状態を上位のシステムが観測しているだけではなく、メタ認知では、下位と上位のシステムの双方の情報の循環がある点です。いわば、メタ認知では上位も下位もなく、すべてが同レベルのモジュールであるのです。

また意識システムは**2次サイバネティクス**（2nd Cybernetics）とも呼ばれます。**1次サイバネティクス**とはいわゆる直接的な反応系であって、外部から与えられる刺激に対してのみ反応するシステムです。しかし、2次を始め高次のサイバネティクスとは、（n−1）

次の反応系の状態によりn次の反応系が機能する仕組みです。ヒトのような高度な認知を実現するためにはぜひともこのような高次のサイバネティクスが必要とされると主張されています。

しかし、筆者は**高次サイバネティクス**といわれるシステムは、理論上2次サイバネティクスまでで十分と考えています。なぜなら、**数学的帰納法**（Mathematical induction）で示されているように、1次の状態が成立し、その状態から2次の状態が成立するのなら、n次の状態も成立するからです。要するに、無限までさかのぼる高次のサイバネティクスは必要ではなく、それらは2次サイバネティクスで十分構成可能であると著者は考えているのです。すなわち、3次以上は2次の抽象化によって実現すればよいのですから。

このような考察から、意識システムを利用した未知情報の検出と学習という研究は、ロボット自らが未知の世界に対して自主的に学習を進めることができることを示した点で重要と考えています。なぜなら、「ロボットが自ら世界中を学習することができる」のですから。その果実は豊かなものとなることが予想されます。

## 経験を積み、それを生かすロボット

さて次は、情動を**予期するロボット**の紹介です。

私たちは、昔経験した怖かったことを突然思いだすことがあります。嬉しかったことも同じですが、怖かったことの方が強く記憶されているようです。怖い場合は生命に危険が感じられたためでしょう。もしロボットが同じように体験したことを経験として記憶することができたら、ロボットにとって新しい世界が広がるのではないでしょうか？

こう考えたとき、記憶とは何か？ 経験とは何か？ という問題を考えねばなりません。

私は、私の意識システムがロボットの外部や内部、すなわち身体の外側と身体の内部の両方、の状態を認知することができることから、ロボットが経験をするということに一つのアイデアを思いつきました。この意識システムは絶えず物事の認知した結果を表象という情報を作っています。すなわち「右の方角からヒトが近づいている」という状態が次の状態では「衝突して、痛みを感じた」という経験をしたとします。そのとき、システムは「右方向」「ヒト」「接近」というような認知過程から、「衝突」「痛み」の表象が引き続いて生じることになります。そうであればこれらの表象群を時系列にしたがって記憶すれば、これはロボットにとっての「**経験の記憶**（Memory of an experience）」という解釈ができるのではないかと考えたのです。

記憶には、**短期記憶**（Short term memory）や**長期記憶**（Long term memory）があることは有名です。それらの位置づけについては様々な研究がありますが、筆者はまずこれらの記憶の基本にある**エピソード記憶**（Episodic memory）を捉えてみようと思いました。エピソードとは「小話」というような

図7-3　一度ぶつかったときの痛みを経験すると、その状況とよく似た状況では衝突の前に事前に痛みを感じて停止する。ロボットは衝突せずに停止することができた。（赤いランプは痛みによる不快を示している）

意味で、あることが起きると、そこから次のことが起きるという小話です。ヒトはこのエピソードを記憶の基本として長期記憶もこの記憶から構成されているという考えがあります。**「長い物語」**（Long story）」も**「小話**（Episode）」の集まったものですから。

さて、意識システムは絶えず表象を発火させていますので、それらを時系列にしたがって記憶することもできますが、それではあまりにも素朴だと思い。筆者は意識システムが何らかの強い情動を引き起こしたときに、そのエピソードを記憶するようにしました。例えば「痛み」や「喜び」などです。

筆者はまず「痛み」からそのときのエピ

ソードを記憶するようにしました。それは、意識システムが「痛み」を表象したときに、その時点より一つ前の時点（$t$-1）の表象群$R_{t-1}$と現時点$t$の表象群$R_t$を対にして記憶するのです。そして将来のある時点$k$において意識システムが表象群$R_k$を発火させたときに、この表象群が$R_{t-1}$と同一であった場合に、このエピソードの記憶があれば、$R_{t-1}$から$R_t$という情報のリンク$R_t$を構成する表象群の中に「痛み」という情動の表象を発見し、その情報によって「**情動を予期する**」ことができるのです（**図7-3**）。すなわち、意識システムは経験を記憶し、それを利用して自己のよりよい行動をとることができることになるのです。

この研究はさらに喜びなどの各種情動や（$t$-2）、（$t$-3）、・・時点のエピソード記憶まで考慮するのであれば、ロボットがより深い経験を利用することが可能となることは明らかです。またこの研究は**ガードナー**（Martin Gardner, 1914-2010）の**マッチ箱ロボット**（Matchbox robot）の例を示すまでもなく、従来の**ゲーム理論**（Game theory）を人工意識に利用する道を拓くでしょう。

## すべてはヒトの創造力から始まった

ヒトは太古の昔より最高の英知をもった存在と自認してきました。

太陽や星座を観測して季節の到来を予測し、それにより食物の増産を図って、営々とその生活圏を拡大し進歩を続けてきました。割れた石のかけらを見ては、それを自らの生活を改善するために利用しました。鋭い刃をもった石の塊が木を切り倒すことに利用されました。鋭い小さな石の破片は矢の先につけられて動物を倒すために使われました。その矢がヒトに向けて発射された証拠もあります。事故であったたか、争いの場に遭遇したかは不明ですが、おそらくは後者であったと推測されています。最近アルプスの山奥で見つかったミイラ化した古代人からは左肩に石の矢尻が残っていました。この**致命傷**を受けた古代人は**アイスマン**（Iceman）と呼ばれています。

石のかけらがヒトの道具のもっとも古い基盤であったことは間違いのないことでしょう。切り倒された木々は、さらに石の刃で細かく細工を受け、その材料が道具をさらに改善しさらに**あらたな道具**を作り出していきました。ヒトはそれらを用いて作物を育てるための土地を耕し、雨風を遮る屋根や壁を作ることができました。ヒトは集団を作り、それらの道具を使って大きい動物を狩ることもできました。それによって生活圏の一層の拡大が行われたと考えます。集団によって狩りを効率的に進めるためには、共通の合図が必要となり、**言語の発明**と発達が行われました。大きな動物を仕留めるためには何らかの**戦術**が生み出されたと考えられます。合図と戦略の実行が重要であったことでしょう。言葉を合図とした集団の行動がヒトをより活動的にさせたことでしょう。

またヒトは火の利用を思いつきました。おそらくは、容易に想像できるように**稲妻**から**野火**が広がり、その恐怖の中から、その**暖かさ**という快適さにも気づいたのでしょう。また、小動物が火災に追われ、暖かく香ばしい食事を初めてヒトに提供したかもしれません。

ヒトは道具の発明と火の発見、そして言語を利用した集団の力、それらはヒトを最高の英知を身につけさせる重要な基盤となったと考えます。

石の材料は、より強靭な性質をもつ金属材料、銅、青銅、そして鉄へと移り替わりました。どのように石が銅にとって替わったかは謎ですが、金や銀といった金属の場合も同様であると思われます。地表に露出していた金属の塊を見つけ出し、それを石のように加工を試みた。すなわち初めは石の道具を利用して叩きながら変形させたのでしょう。その後、金属が高温で溶けることを発見し、そして再度固める技術も発明され、金属を自由な形に作り上げることができるようになりました。

**金属の溶解と鋳造の技術**がどのように誰によってはじめられたかはまったく不明ですが、その発明はヒトの劇的な進歩をもたらしたことが容易に想像できます。金や銀は美しく光り輝く材料であって柔らかく加工が容易であったために比較的早い時期から装飾品として利用されていたようです。銅は、金や銀と同様に取り扱いが容易であったために、道具として利用できる素材として第一であったことでしょう。しかし、銅は反面、硬さに欠ける性質があったために長時間の利用が困難であるという問題がありました。その後、複数の金属を混ぜ合わせることによって新しい性質をもつ金属、すなわち合金、を作ることに成功しました。**青銅の出現**です。青銅は、銅を主成分としながら錫などの金属を混入した合金です。青銅は、銅に比べて硬く初めは金色に輝き、より柔軟性に富んでいたために当時は理想的な金属であって、非常に長期的に道具として利用されました。問題があったとすれば、その重さでした。ギリシア時代の重装歩兵は身体を覆う総量30kgにもなる**青銅製の防具**を身につけていたそうですが、現代の若者にそれを身につけさせて活動させたところ短時間で身動きができなくなってしまったそうです。私たちがいま利用している主たる金属は**鉄**ですが、その利用は現在でいえばトルコ東部の**ヒッタイト**(Hittites)と呼ばれる人々が始めたといわれています。しかしその自由な利用はごく最近のことと考える方が相応しいです。

ヒトはこれらの道具を駆使して、山から大きな石の塊を切り出し、移動し、巨大な建造物を作り始めました。エジプトの**ピラミッド**(Pyramid)はその代表でしょう。それはおよそ1m立方の石の塊を、230万個積み上げて(**クフ王のピラミッド**)作られています。この作業は多数の**労働者**が必要であったことは当然ですが、それらの力を効果的に発揮させるための各種道具と**言葉の利用**が重要であったでしょう。最近、ピラミッドの石は古代のコンクリートでできているという面白い説が発表されましたが、もしそうであったとしてもヒトによって作り出されたということには変わりがありません。

古代から利用されていた素材として重要であったのがこの**コンクリート**です。**ローマ人**がこれを利用して巨大な建造物を作ったことは有名です。彼らは切り出した石をコンクリートで接着したのです。ローマ人はコンクリートを大いに利用して、**コロッセオ**や**水道橋**、**巨大な防壁**やローマ風呂を作り、ローマ市民の安全で快適な生活を実現しました。イタリアのローマに行けば多数の遺跡が残っていますし、世界最大の帝国となった**ローマ帝国**は西にイギリス、東はシリア、北はドイツ西部そして南はアフリカ北部までまだ巨大な建造物の遺跡が残っています。

コンクリートの発明はいつどこで行われたかはいまだ不明ですが、**石器時代**の素朴な囲炉裏の下の土台が強く固まっていることから見出されたといわれています。

そして、これらの優れた技術は言語の利用によって、世界中に伝搬して共通に利用されたことが見て取れます。例えば、弓や矢そして皿や壺は、ほぼ世界共通の道具となっています。

この本にも紹介しましたが、歴史的に見て、アレキサンドリアのヘロンが**古代技術**の集大成を成したようです。水の利用、機械技術、梃子や歯車の利用、そして水蒸気まで利用したことで有名です。またさらにプログラムが可能な機械装置の発明もありました。ヘロンによる古代技術は中世が終わる15世紀まで大いに利用されていました。**ビザンティウム**（Byzantium）**のフィロン**（Philo、ＢＣ２８０－ＢＣ２２０頃）というギリシア人も多くの自動機械を作ったことで有名です。

ヘロンもギリシアの人ですが、ギリシア時代は文物・科学の広い分野で発明・発見が行われました。彼らは地球や月が**球体であること**や**地球の半径の大きさ**まで計算をしていました。地球が球体であることは水平線にある船が帆柱の上の部分から見えて近づくにしたがって船体が完全に見えるようになるという事実、月の観察からの類推や月食（Lunar eclipse）が実は地球の影であるという観測と推測によっていたそうです。

地球の半径を計算したのは**エラトステネス**（Eratosthenes、ＢＣ２７５−ＢＣ１９４頃）で、それはおよそ７４００㎞と計算しました。その値は現在の計算と１０００㎞増ほどの違いしかありませんでした。それは**夏至の日**に、ナイル川沿岸の都市にある井戸には太陽がまっすぐ底まで注ぐのですが、地中海沿岸にある都市アレキサンドリアでは同じ太陽が斜めに注いでいるという事実を知り、その違いを利用して計算したのでした。

中国は古代から文明の発祥地の一つですが、多くの発明や発見が行われていてアジアから世界中にその優れた科学技術が伝搬しました。先に中国の「**指南車**」はロボットの始まりとすでに紹介しましたが、皆さんご存じのように中国の４大発明として**紙**、**火薬**、**羅針盤**、**印刷**が有名です。

ヒトはその後、大型の外洋船を作ることができるようになり、ヒトや物資を大航海をして世界中に運ぶことができるようになりました。船を外洋において安全に航海するためには、船底の構造を竜骨にする等の発明が必要でしたし、風力を利用した**操船技術**の発達ももちろんながら**天体の運行**を容易に計算する手段、**羅針盤の利用**などの総合的な発達が必要でした。

中世時代についてはすでに述べましたが、ギリシア文化を引き継ぐ**イスラム世界**の科学技術の発展があり、また**ビザンチン文化**の影響を強く受けたルネッサンスが興りました。

そして、天体の運行を理解する上で重要な発明や発見がありました。

古代における第一の数学者であった**アルキメデス**（Archimedes、ＢＣ２８７−ＢＣ２１２頃）に強く影響を受けたガリレオの活躍です。彼は、オランダのメガネ職人が作ったオモチャの**望遠鏡**の話を聞きそれをすぐに手に入れました。彼はすぐにその原理を理解して20倍の望遠鏡に改良しました。そして、彼はそれを夜空に向けたのでした。**三日月の観測**、三日月の弦に当たる部分の観測から月の光は太陽の光線によっていて、月の表面には山々の影が見えることから地球と同じように山や谷があること、そしてそれらの観測から月は球体であることを理解し、**地球も球体である**ことを類推しました。影の大きさから月にある山の高さは７０００ｍの物もあると計算しました。また、三日月の光のあたっていない部分が薄い灰色に光っている現象を発見し、それを彼は地球にあたっている太陽光が月の表面に反映していると理解しました。それらの発見は望遠鏡という新しい発明品の利用とガリレオが世界を理解したいという強い力が進めたことは明らかです。

そしてヒトはいよいよ**蒸気機関の利用**が可能となりました。すでに何回も紹介しましたが、それを可能にしたのはイギリスの**ジェームス・ワット**の発明による**ガバナー**（調速機）でした。蒸気を利用した機関車は地上においてヒトと物資を大量に移動させたのでした。それがヒトの生活を安全にかつ快適にしたことは間違いありません。

その後、ヒトは各種エンジンの発明、電気の発見と利用、そして原子力エネルギーの発見と利用の発展を進めました。そのため、ヒトの活動は素晴らしく拡大してきました。

そして**ニュートンの力学**や**アインシュタインの相対性理論**に支えられて**宇宙の理解**と利用を進めるた

めにロケットを開発し、宇宙へも飛び出しました。

さらに**量子力学**などによって支えられながら**半導体を発明**し、超小型の計算機、コンピュータという新たな道具を手に入れました。

これらはいつもすべて新しいエネルギーの発見とコンピュータを用いた制御の成功による成果といえます。

そしてこれらの成果を生み出した基盤は「**ヒトの創造力である**」といえます。

ヒトは考えました。より快適な生活を求めて、より遠くへより早く移動したい。鳥のように空を飛び回りたい。イルカのように海の中で泳ぎまわりたい。地球から飛び出したい。

それを実現するためには**自然を理解する必要**がありました。ヒトのその希望を支えその実現を進めたのは正しく「**創造力**（Power of creation）」でした。そしてヒトは一つのことに気づいたのです。その創造力とはヒトのどこから生み出されているのだろうか？　そしてヒトが自分自身についてまだ何も理解してはいないということに気づいたのです、宇宙の謎のように。

古代ギリシアの**デルフォイ**（Delphi）の神殿入口に「汝自身を知れ」と書いてあったことは、**ソクラテス**（Socrates、ＢＣ４６９―ＢＣ３９９頃）が好んで語った話の一つです。

自然の一部である自分とは一体何であるのか？

ヒトはなぜより快適な生活を望むのか？

ヒトはどのような原理に従って考え、行動するのか？

私は幸せや痛みを感じるが、それは快適さを感じる原理であるけれど、それは一体何か？

## そして創造力とは何か？

「**創造力**」それはヒトを突き動かす巨大な力で、新しいエネルギーを生み出すことができます。その新しいエネルギーをいつも得ることができるように、ヒトは「創造力」をもっと手に入れたいと考えるについに至ったのです。ヒトは必ずや「創造力」を手に入れるべく、ヒトの精神の中心にある原理を解明し、そこにある思考や感情の核である**意識の原理**を手に入れることになるでしょう。

私は自分の研究でその一歩をすでに進めたと考えています。しかし、多くの文学や映画に予見されているように、ヒトはウロボロスの例えのごとく**自滅のスパイラル**に落ち込むかもしれません。あるいは、私たちとは異なる素材をもった新たな人類がヒトの進歩を引き継ぎ、さらなる進歩を進めるのかもしれません。**ネアンデルタール人**（Homo neanderthalensis）が**ホモ・サピエンス**（Homo sapiens）に取って代わられたように。

それは**自然の摂理**（The providence of nature）ということなのでしょうか？

# あとがき

「意識するロボット」「心をもつロボット」という私の念願の研究が本書を通じて日本の読者の皆様にまとまった形で広く公表できる機会を得て、大変幸せに思います。

初めは苦笑されるのが怖くて密かにこの研究を始めました。それからおよそ20年が経ちました。まずは「ヒトの意識」についてどのようにモデルを作ればよいのかという基礎的な研究から始めました。

幸いなことに私は工学というよりは、物理学が得意でしたので、「アインシュタインの相対性理論」や「量子力学」といった物理学に関わる本を大量に読んでいました。そして、物理学には対象をどのように捉えたらよいのかという認識論がいつもその基盤としてありました。それが私を哲学への興味へ導いたのです。「カントの純粋理性批判」「ヤスパースの実存哲学」「ハイデッガーの存在哲学」「サルトルの実存主義哲学」と読み進み、そして宗教書に興味をもちました。「南伝大蔵経」を初めに、「阿弥陀経」「蓮華経」、また道元の「正法眼蔵」とほとんどの仏典を読破しました。もちろん、現代語訳です。仏典については、仏教研究者であった増谷文雄先生に教えを受けました。また、キリスト教の新訳・旧約書、ユダヤ教、イスラム教の経典も学びました。

そして、対象の認識という問題から、私は若いときから美術にも興味をもっていました。明治時代初期の洋画家である青木繁の「わだつみのいろこの宮」、黒田清輝の「知・感・情」、そして民芸運動の柳宗悦、バーナードリーチ、浜田庄司、またムッシャのアールヌーボやラリックのアールデコの様式等は大好きで、いまでも大学の研究室にレプリカを飾っています。

また私は歴史への興味があり、アーノルド・トインビーの「試練に立つ文明」を初めとして「歴史の研究」の全著作を読み、世界の深く絡み合った歴史に感嘆いたしました。

社会に関する著作は戦前の経済学者・思想家である河合栄治郎に強い影響を受けました。彼は「ファッシズム批判」という著作によって東大を追われますが、彼の理想主義的自由主義は私の大学での教授として、そして学生への教育の教えとして、いまでも多くの心の支えとなっています。彼の著作である「学生に与う」をはじめとしたオリジナルの学生叢書は、いまでも大学の私の研究室に大切に保管されています。

いまにして思えば私の「ヒト意識」の研究はこれらの様々な基礎的な土台の上に生まれたと思えます。それが、すくすくと大きく育ってたくさんの美しい花を咲かせ、多くの果実を実らせることができることを願っています。

そして、意識するロボットの研究を進めるにあたって粘り強く健闘した明治大学理工学部の学生諸君に感謝したいと思います。とくに、稲葉桂太君、鈴木徹君、小木曽敦君に深く感謝します。君たちの研究が、いま力強く世界に向かって成長しています。さらに、明治大学の同僚である井上善幸教授、浜口稔教授にはヒト意識についての多くの知見をいただきました。感謝いたします。

また、今年の正月に脳梗塞によって倒れ、いま病院で治療を続けている私の父に深く感謝したいと思います。父は学徒兵としてニューギニアに出陣し、暗号班として活躍、九死に一生を得て帰国しました。父は気弱な一人息子であった私を理想の人間にしようとして多大な努力をしました。いま思えば、父はいつも私よりはるかに先を進んでいました。哲学も、歴史学も、美学も、宗教学も、私の「意識の研究」もそれとはなく父によって導かれていたと感じます。私より先に「脳科学」や「複雑系数学」などの書籍を多量に買って読み、そしていつも私に論争を仕掛けました。それはまるで大学での講義を聞かされているようでした。ＭｏＮＡＤのアイデアは父とのその対話の中で生まれたのです。実は河合栄治郎の学生叢書も父から譲り受けたものでした。父は当時発禁処分とされていたそれらの書籍を隠しもち、それを戦時中に当時浦和にあった別荘に密かに疎開させていたということです。父は80歳を越えてから、私を祖先ルート探しの旅に連れ出しました。その旅を通じて千利休の師であった「武野紹鴎（茶道）」、坂本龍馬の支援者「樋口真吉（土佐の幡多勤皇党、党首）」が、共に私たちの縁者であることをよりはっきりとさせました。私を多く助けた父に、いまはゆっくりと静養してほしいと願っています（残念ですが、父は加療中に今年8月に他界しました。この本を父に捧げたいと思います）。

そして、最後に私の家族に感謝したいと思います。まず私の妻、敦子に感謝します。日常的な家庭内の雑務だけではなく、私の研究秘書としてメールの対応、海外研究者との対応など、こまごまとした作業を引き受けてくれています。彼女のドイツ語は初めから素晴らしかったけれども、英語もあっという間に私を飛び越えてしまいました。

私の子供たちは、すでに成人しています。長男義彦は音楽を目指してヨーロッパに留学を果たし、いまは帰国し塾講師として、教育に情熱を燃やしています。数学が得意な彼がデルフォイの話を私に思い出させてくれました。長女綾香は芸術を目指して勉強し、いまは芸術系の企業に勤めています。この本の偉人カリカチュアは彼女の製作です。二人の子供に感謝します。

地震・津波の大災害、原発の事故そして父の死という不安な日々となった日本の夏に筆を置きます。

# 参考文献


## ロボット

1）ウイナー, N.　鎮目恭夫訳　サイバネティックスはいかにして生まれたか　みすず書房　1972

2）柿倉正義他　知能ロボット読本　日刊工業新聞社　1983

3）ブライテンベルク, V.　加地大介訳　模型は心を持ちうるか　哲学書房　1987

4）フー, K. S. 他　本多庸悟監訳　ロボティクス　日刊工業新聞社　1989

5）柿倉正義　知能ロボット入門　オーム社　1989

6）モラヴェック, H　野崎昭弘訳　電脳生物たち　岩波書店　1991

7）柿倉正義　責任編集　コンピュートロール34、特集／知能ロボット　コロナ社　1991

8）長田正他　自律分散をめざすロボットシステム　オーム社　1995

9）喜多村直　ロボットは心を持つか　共立出版　2000

10）ファイファ, R. 他　石黒他監訳　知の創世　共立出版　2001

11）柴田正良　ロボットの心　講談社現代新書　2001

12）布施秀利　鉄腕アトム55の謎　NHK出版　2003

13）浅田稔　ロボット未来世紀　NHK出版　2008

14）石黒浩　ロボットは涙を流すか　PHP新書　2010

## 人工知能

15）淵一博他　理想　特集＝人工知能　理想社　1984

16）ホフスタッター, D. R.　野崎昭弘他訳　ゲーデル、エッシャー、バッハ　白揚社　1985

17）マー, D.　乾敏郎訳　ビジョン—視覚の計算理論と脳内表現　産業図書　1987

18）グレムリン, W. E. L. 他編　篠原靖志他訳　MITの人工知能　パーソナルメディア　1990

19）ペンローズ, R.　林一訳　皇帝の新しい心　みすず書房　1997

20）上野直樹他　インタラクション　人工知能と心　大修館書店　2000

## 意識と心

21）宮本忠雄　こころの病理　日本放送出版　1985

22）平井富雄　脳と心　中公新書　1994

23）日本物理学会編　脳、心、コンピュータ　丸善　1996

24）川人光男　脳の計算理論　産業図書　1996

25）河合隼雄　ユング心理学と仏教　岩波書店　1996

26）ペンローズ, R.　竹内薫他訳　ペンローズの量子脳理論　徳間書店　1997

27）スコット, A.　伊藤源石訳　心の階梯　産業図書　1997

28）腰原英利　意識をつくる脳　東京大学出版会　1997

29）フランクリン, S.　林一訳　心をもつ機械　三田出版会　1997
30）デネット, D. C.　土屋俊訳　心はどこにあるのか　草思社　1997
31）デネット, D. C.　山口泰司訳　解明される意識　青土社　1998
32）フィンケ, R. A. 他　小橋康章訳　創造的認知　森北出版　1999
33）苧坂直行　意識とは何か　科学の新たな挑戦　岩波書店　2001
34）天外伺朗他　意識は科学で解き明かせるか　講談社　2001
35）櫻井芳雄　ニューロンから心をさぐる　岩波書店　2001
36）野矢茂樹　心と他者　勁草書房　2001
37）月本洋　ロボットの心　森北出版　2002
38）信原幸弘　意識の哲学　クオリア序説　岩波書店　2002
39）河合隼雄　無意識の構造　中公新書　2002
40）宮田和保　意識と言語　桜井書店　2003
41）茂木健一郎　意識とはなにか　〈私〉を生成する脳　ちくま新書　2003
42）斉藤慶典　心という場所　勁草書房　2003
43）橋爪大三郎　「心」はあるのか　ちくま新書　2003
44）酒井邦嘉　心にいどむ認知脳科学　岩波書店　2003
45）茂木健一郎他　脳とコンピュータはどう違うか　講談社　2003
46）甘利俊一　精神の脳科学　東大出版　2008

**哲学**

47）細谷貞雄編　ハイデッガー　平凡社　1977
48）廣末渉他編　メルロー＝ポンティー　岩波書店　1987
49）合田正人　レビナスの思想　弘文堂　1988
50）竹田青嗣　現象学入門　日本放送出版協会　1989
51）神野慧一郎　現代哲学のバックボーン　勁草書房　1991
52）飛田就一　哲学入門　哲学の問題と展開　富士書店　1991
53）箱石匡行　フランス現象学の系譜　世界書院　1992
54）塚田正明　現代の解釈学的哲学　世界思想社　1995
55）橋爪大三郎　言語ゲームと社会理論　勁草書房　1995
56）山口泰司　心の探求　文化書房博文社　1996
57）高田明典　構造主義方法論入門　夏目書房　1997
58）加藤尚武編　ヘーゲル「精神現象学」入門　有斐閣選書　1997
59）村上隆夫　メルロー＝ポンティー　清水書院　1997
60）岩崎見一編　感性論　晃洋書房　1997
61）ヘーゲル, G. W. F　長谷川宏訳　精神現象学　作品社　1998
62）田中裕　ホワイトヘッド　講談社　1998
63）ホワイトヘッド, A. N.　山本誠作訳　過程と実在（上、下）　松籟社　1998
64）花岡永子　宗教哲学の根源的探求　北樹出版　1998
65）千田義光　現象学入門　放送大学教育振興会　2002

66）黒崎宏　ウィトゲンシュタインと「独我論」 勁草書房　2002
67）西脇与作　現代哲学入門　慶応義塾大学出版会　2003
68）粟田謙蔵他編　岩波　哲学　小辞典　岩波書店　2003
69）谷川多佳子　デカルト「方法序説」を読む　岩波書店　2003
70）野良朝彦　メルロー＝ポンティーとレヴィナス　東信社　2003

### 認知科学

71）波多野完治編　ピアジェの認知心理学　国土社　1974
72）ヴァーノン, M. D.　上昭二訳　知覚の心理学　ダヴィッド社　1975
73）ピアジェ, J.　波多野完治訳　知能の心理学　みすず書房　1976
74）犬田充　行動科学序説　税務経理協会　1979
75）ガードナー, H.　波多野完治訳　ピアジェとレヴィ＝ストロース　誠信書房　1980
76）ノーマン, D. A. 編　佐伯胖監訳　認知科学の展望　産業図書　1986
77）ラックマン, R. 他　箱田裕司他監訳　認知心理学と人間の情報処理Ⅰ, Ⅱ, Ⅲ　サイエンス社　1990
78）スティリングス, N. A. 他　海保博之他訳　認知科学通論　新曜社　1991
79）立川健二他　現代言語論　新曜社　1993
80）ウイノグラード, T. 他　平賀譲訳　コンピュータと認知を理解する　産業図書　1995
81）チャーチランド, P. M.　信原幸弘他訳　認知哲学　産業図書　1997
82）長縄久生他　認知心理学の視点　ナカニシヤ出版　1997
83）相場覚他　知覚心理学　放送大学教育振興会　1997
84）辻三郎編　感性の科学　サイエンス社　1997
85）タガード, P.　松原仁監訳　マインド　共立出版　1999
86）西垣通　こころの情報学　ちくま新書　1999
87）門脇俊介他編　ハイデッガーと認知科学　産業図書　2002
88）相場覚他　認知科学　放送大学教育振興会　2002
89）西川泰夫　認知行動科学　放送大学教育振興会　2002
90）土田知則他　現代文学理論　新曜社　2003
91）山鳥重 「わかる」とはどういうことか　ちくま新書　2003
92）長谷川寿一編　こころと言葉　東大出版　2008

### 脳

93）コールダー, N　中村嘉男　心の迷路　みすず書房　1973
94）時実利彦　脳と人間　雷鳥社　1977
95）NHK取材班　脳と心　1, 2, 3, 4, 5, 6　NHK出版　1993
96）養老孟司　考えるヒト　筑摩書房　1996
97）日本生物物理学会　脳と心のバイオフィジックス　共立出版　1997
98）ソルソ, R. L.　鈴木光太郎他訳　脳は絵をどのように理解するか　新曜社　1997
99）中野馨　Cでつくる脳の情報システム　共立出版　1997

100) グリーンフィールド, S. 編　大島清監修　ここまでわかった脳と心　集英社　1998
101) 苧坂直行　読み―脳と心の情報処理　朝倉書店　1998
102) 宮下保司他　脳から心へ　高次機能の解明に挑む　岩波書店　2000
103) 中野馨　脳をつくる　共立出版　2001
104) 松元元他編　情と意の脳科学　人とは何か　培風館　2002
105) カータ, R.　養老孟司監修　脳と心の地形図　原書房　2002
106) 酒井邦嘉　言語の脳科学　中央公論新社　2002
107) 松元元　愛は脳を活性化する　岩波書店　2002
108) 利根川進　私の脳科学講義　岩波書店　2003
109) 上野照豪編　計測と制御 5　特集　脳機能の非侵襲計測　計測自動制御学会　2003
110) 中山剛史編著　脳科学と哲学の出会い　玉川大学　2008
111) 飯田隆編　心/脳の哲学　岩波書店　2008
112) 養老孟司　言語と思考を生む能　東大出版　2008
113) 甘利俊一　脳の発生と発達　東大出版　2008
114) 甘利俊一　分子・細胞・シナプスからみる脳　東大出版　2008
115) 甘利俊一　認識と行動の脳科学　東大出版　2008
116) リゾラッティ, G 他　ミラーニューロン　紀伊国屋書店　2009
117) 編集部　脳科学のフロンティア　日経サイエンス　2009
118) 甘利俊一　脳の計算論　東大出版　2009
119) 岡崎祐士監修　こころと脳の科学　日本評論社 2010

**英語文献**

120) E. Husserl: Die Idee der Phaenomenologie.
121) E. Husserl: The Essential Husserl: Basic Writings in Transcendental Phenomenology, Indiana University Press.
122) I. Kant: Critique of Pure Reason
123) G. W. Leibnitz: Principes de la Philosophie ou Monadologie, 1714
124) M. Merleau-Ponty: La phenomenology de la perception, Gallimard, 1945
125) L. Festinger: A Theory of Cognitive Dissonance, Row, Peterson and Company, 1957.
126) S. Sternberg: High speed scanning in human memory, pp.652-654, Science 153, 1966
127) G. G. Gallup Jr, Chimpanzees: Self-recognition, Science 167: 86-87, 1970.
128) B. Amsterdam: Mirror self-image reactions before age two, Developmental Psychobiology, Volume 5, Issue 4, pp.297-305, John Wiley & Sons, Inc, 1972.
129) S. Arieti: CREATIVITY-The Magic Synthesis-, Basic Books, 1976.
130) A. N. Meltzoff, M. K. Moore: Imitation of facial and manual gestures by human neonate, American Association for the Advancement of Science, Vol. 198, pp. 75-78, 1977.
131) J. Lacan:, Ecrits, W. W. Norton & Company, October 1982.

132) James L. McClelland, David E. Rumelhart, the PDP Research Group, Parallel Distributed Processing. MIT Press, 1986

133) S. Harnad: The Symbol Grounding Problem, Physica D42, pp.335-346, 1990.

134) R. Brooks: Intelligence without Representation, Artificial Intelligence, Vol.47, pp.139-159, 1991

135) D. Dennett: Consciousness Explained, Little Brown & Co, 1991, ISBN 0316180653, 1991.

136) M. Donald: Origin of the Modern Mind, Harvard University Press, Cambridge, 1991.

137) Rene Zazzo: Reflet de Miroir et Autres Doubles, Presses Universitaires de France, 1993.

138) R. Penrose: Shadows of the Mind, A Search for the Missing Science of Consciousness, Oxford University Press, ISBN 0-19-853978-9, 1994.

139) A. R. Damasio: Descartes' Error: Emotion, Reason, and the Human Brain, HarperCollins Publishers, 1994

140) V. Gallese, L. Fadiga, G. Rizzolati: Action recognition in the premotor cortex, Brain 119, pp.593-600, 1996.

141) J. Ledoux: The Emotional Brain, The Mysterious Underpinnings of Emotional Life, Simon & Shuster, 1996

142) I. Aleksander: Impossible Minds-My Neuron, My Consciousness-, Imperial College Press, 1996.

143) R. Descartes: A Discourse on Method, 1997

144) V. S. Ramachandran, S. Blakeslee: Phantoms in the brain-Probing the Mysteries of the Human Mind, HarperCollins Publishers, 1998.

145) A, Damasio: The Feeling of What Happens, Body and Emotion in the Making of Consciousness, Harcourt and Brace & Company, 1999.

146) A. Revonsuo, J. Newman: Binding and Consciousness, Consciousness and Cognition 8, pp.123-127, 1999.

147) T. Kitamura, T. Tahara and K. I. Asami: How can a robot have consciousness? Advanced Robotics, Vol.14. No4. pp.263-276, 2000.

148) M. Kawato: Using humanoid robots to study human behavior, IEEE Intelligent Systems: Special Issue on Humanoid Robotics, Vol.15, pp.46-56, 2000

149) C. L. Breazeal: Designing Sociable Robots, Intelligent robots and autonomous agents, A bradford book, 2002, ISBN 0-262-02510-8

150) J. Ledoux: Synaptic Self, How Our Brains Become Who We Are, Viking Penguin, 2002

151) M. A. Arbib: The mirror system, imitation, and the evolution of language, Imitation in Animals and Artifacts, pp.229-280. MIT Press, 2002.

152) J. Tani: On the dynamics of robot exploration learning, Cognitive Systems Research pp.459-470, 2002

153) R. Carter: Consciousness, Weidenfeld & Nicolson-The Orion Publishing Group Ltd, pp.212, 2002

154) J. Takeno: New paradigm "Consistency of cognition and behavior", proceedings of CCCT'03, pp.389-394 , 2003

155) K. Inaba, J. Takeno: Consisitency betweeen recognition and behavior creates consciousness, proceedings of SCI'03, pp.341-346, 2003

156) J. Takeno: Robot Vision Technology for Mobile Robots, The information Processing Society of Japan, Vol.44 No.SIG17(CVIM8), pp.24-36, 2003

157) A. Damasio: Looking for Spinoza, Joy, Sorrow, and Feeling Brain, Harcourt and Brace & Company, 2003.

158) B. Libet: MIND TIME-The Temporal Factor in Consciousness-, Harvard University Press, Cambridge, Massachusetts, 2004.

159) P. Michel, K. Gold, B. Scassellati: Motion-Based Robotic Self-Recognition, The Proceedings of 2004 IEEE/RSJ International Conference on Intelligent Robots and Systems: pp.2763-2768, 2004.

160) J. Takeno, K. Inaba, T. Suzuki: Experiments and examination of mirror image cognition using a small robot, The 6th IEEE International Symposium on Computational Intelligence in Robotics and Automation, pp.493-498 CIRA 2005, IEEE Catalog: 05EX1153C, ISBN: 0-7803-9356-2, June 27-30, 2005, Espoo Finland.

161) T. Suzuki, K. Inaba, J. Takeno: Conscious Robot That Distinguishes Between Self and Others and Implements Imitation Behavior. (The Best Paper of IEA・AIE2005), Innovations in Applied Artificial Intelligence, 18th International Conference on Industrial and Engineering Applications of Artificial Intelligence and Expert Systems, pp.101-110, IEA/AIE 2005, Bari, Italy, June 22-24, 2005.

162) J. Takeno:, The Self Aware Robot, HRI-Press, 2005.

163) Giacomo Rizzolatti: Mirrors in the Brain: How Our Minds Share Actions, Emotions, and Experience, Oxford University Press, 2006

164) P. O. A. Haikonen: Reflections of Consciousness; The Mirror Test, AAAI Symposium, Washington DC, 2007

165) S. I. van Nes, C. G. Faber, and et al.: Revising two-point discrimination assessment in normal aging and in patients with polyneuropathies, Journal of Neurology, Neurosurgery, and Psychiatry, Vol.79, pp.832-834, 2008

166) J. Takeno: A Robot Succeeds in 100% Mirror Image Cognition, INTERNATIONAL JOURNAL ON SMART SENSING AND INTELLIGENT SYSTEMS, VOL. 1, NO.4, pp.891-911, 2008

167) J.Takeno, S. Akimoto: Mental pain in the mind of a robot, International Journal of Machine Consciousness Vol.2(02), pp333-342, 2010.

168) T. Komatsu, J. Takeno: A Conscious Robot that Expects Emotions, IEEE International Conference on Industrial Technology(ICIT), pp.15-20, 2011

## Web資料

169) http://www.rs.cs.meiji.ac.jp/Takeno_Archive/DiscoveryNewsAwareRobot211205.pdf
(http://dsc.discovery.com/news/briefs/20051219/awarerobot_tec_print.html)

170) http://www.rs.cs.meiji.ac.jp/Takeno_Archive.html
(http://www.consciousness.it/cai/online_papers/haikonen.pdf)

171) D. J. Chalmers: Facing Up to the Problem of Consciousness
(http://consc.net/papers/facing.html)

172) T. Nagel: http://members.aol.com/NeoNoetics/Nagel_Bat.html

# 付録　A1：感情の因子

| 喜び | 訳の一例 |
|---|---|
| beautiful | 美しい |
| clean | きれいな |
| clear | 不要なものがない |
| correct | 正しい |
| easy | たやすい |
| excited | 興奮した |
| fine | 晴天の |
| fresh | 新鮮な |
| friendly | 親切な |
| gentle | やさしい |
| good | 良い |
| healthy | 健康的な |
| ideal | 理想的な |
| lovely | 愛らしい |
| luxury | 豪華な |
| popular | 有名な |
| relaxing | 落ち着いた |
| strong | 強い |

| 悲しみ | 訳の一例 |
|---|---|
| broken | 壊れた |
| damaged | 被害を受けた |
| distressed | 悩んで |
| failed | 失敗した |
| fallen | 落ち込んだ |
| hopeless | 絶望的な |
| inactive | 不活発な |
| lonely | さみしい |
| miserable | 惨めな |
| painful | 痛い |
| poor | 貧しい |
| sick | 病気で |
| sorry | 残念に思う |
| losing | 負けた |
| missing | 欠けている |
| ruined | 台無しになった |
| tragic | 悲劇の |
| ill | 病気の |

| 怒り | 訳の一例 |
|---|---|
| impatient | 耐えられない |
| irritable | 短気な |
| outraged | 怒った |
| offended | 立腹した |
| worst | 最悪の |
| howling | 怒鳴る |
| irritating | イライラさせる |
| mad | 気が狂った |
| rascal | 下劣な |

| | |
|---|---|
| huffy | ムッとしている |
| delinquent | 怠慢な |
| angry | 怒った |
| furious | 激怒した |
| inhuman | 冷酷な |
| pissed | 怒った |
| touchy | 神経質な |
| volatile | 怒りっぽい |
| grumpy | 気難しい |

| 恐怖 | 訳の一例 |
|---|---|
| afraid | 恐れて |
| atrocious | 残虐な |
| bleeding | 出血する |
| bloodless | 青ざめた |
| crue | 残酷な |
| dark | 暗い |
| dead | 死んでいる |
| fatal | 致命的な |
| fearful | 恐ろしい |
| freaky | 恐ろしい |
| grim | 気味の悪い |
| hazardous | 有害な |
| horror | 恐怖の |
| killing | 死にそうな |

| | |
|---|---|
| murderous | 残忍な |
| pale | 血の気のない |
| amazed | 驚いた |
| dangerous | 危険な |

| 嫌悪 | 訳の一例 |
|---|---|
| bad | 悪い |
| bitter | 苦い |
| busy | 忙しい |
| clumsy | 不器用な |
| crank | 嫌がらせの |
| difficult | 困難な |
| dirty | 汚い |
| dull | 鈍い |
| evil | 邪悪な |
| exhausted | 疲れ切った |
| fat | 太った |
| hostile | 対立する |
| jealous | 嫉妬深い |
| noisy | やかましい |
| odd | 奇妙な |
| foolish | ばかばかしい |
| disgusting | 汚らわしい |
| damn | 最悪の |

## ◎著者略歴◎

**武野　純一（たけの　じゅんいち）**

1950（昭和25）年8月1日生。1974（昭和49）年明治大学工学部電気工学科卒業、同大学大学院工学研究科電気工学の修士、博士課程。1979（昭和54）年明治大学工学部助手、同専任講師、助教授を経て、1997（平成9）年同大学理工学部教授となり、現在に至る。その間、1989（昭和64）年ドイツカールスルーエ大学に訪問教授として留学、さらに1994（平成5）年同大学の客員教授として再度渡独し同大学の双碗型自律移動ロボットKAMROのプロジェクトに参加した。なお、学会活動は編集委員the International Journal of RSJ（日本ロボット学会）、国際会議議長ICAM94（International Conference of Advanced Mechatronics、日本機械学会）、ロボット学会理事RSJ、ロボット学会Advanced Robotics編集委員長、IFToMMアジア地区プレジデント等を経て、現在はBICAの設立メンバー・プログラム委員、ロシアCSIT国際プログラム委員。また、2003（平成14）年に大学発ベンチャ「有限会社ヒューリスティックス科学研究所」を設立。なお、100周年記念功労賞JSME（日本機械学会）、最優秀論文（SCI 2003, -2004, CCCT04, IEA/AIE 2005)、学会貢献賞論文ICST 2008を受賞。なお新聞掲載、テレビ出演が多数ある。

専門は、自律移動ロボット、ヒューマノイド・ロボット、ロボット視覚、ロボットの顔表情、人工知能、人工意識、ロボットの情動と感情、立体映像による遠隔制御ロボット、連想と感性のデータベース、意識ネットワーク、ロボットの心。

**心をもつロボット**
**—鋼の思考が鏡の中の自分に気づく!** NDC 548.4

2011年11月11日　初版1刷発行　（定価はカバーに表示してあります）

著　者　武野純一
発行者　井水治博
発行所　日刊工業新聞社
〒103-8548　東京都中央区日本橋小網町14-1
電　話　書籍編集部　03（5644）7490
販売・管理部　03（5644）7410
F A X　03（5644）7400
振替口座　00190-2-186076
U R L　http://pub.nikkan.co.jp/
e-mail　info@media.nikkan.co.jp
印刷・製本　新日本印刷(株)

落丁・乱丁本はお取り替えいたします。　2011 Printed in Japan
ISBN 978-4-526-06781-5　C 3034